基于再生资源秸秆的创新利用研究

顾 艺 著

同济大学 出版社
Tongji University Press

内 容 提 要

目前,全球范围内面临的能源和环境问题已成为制约社会经济发展的主要因素,人们在努力探索再生性资源及其综合利用,研究资源的再循环利用,实现"低碳经济"和"循环经济"。秸秆,作为一种再生性资源,无论是从传统文化发展与传承的角度或者从城市建设角度,都契合了这样的情境和时机,对其创新性设计进行研究具有很高的学术价值和积极的实践意义。本书从理论与实践的双重角度,采用历史学、社会学、统计学等学科交叉的方法及大量实践案例,逐层深入展开对"秸秆造物"再生性资源的创新设计的探索,在循环经济的语境下,充分描述再生性资源的创新设计,解释再生性资源、创新设计与社会发展等方面的关系,探索再生性资源的创新设计形式与内涵,进而改进再生性资源创新设计的理论和方法。

本书可作为建筑、规划、环境艺术设计、艺术设计等相关专业人员的参考用书,也可供相关人员作为实际设计操作中的基础理论用书。

图书在版编目(CIP)数据

基于再生资源秸秆的创新利用研究 / 顾艺著. -- 上海:同济大学出版社,2020.4
　　ISBN 978-7-5608-8108-9

Ⅰ.①基… Ⅱ.①顾… Ⅲ.①秸秆-再生资源—综合利用 Ⅳ.①S38

中国版本图书馆 CIP 数据核字(2020)第 055334 号

基于再生资源秸秆的创新利用研究
顾 艺 著

责任编辑 马继兰　　**审读** 辜 翔　　**责任校对** 徐春莲　　**封面设计** 陈益平

出版发行　同济大学出版社　　　www.tongjipress.com.cn
　　　　　(地址:上海市四平路 1239 号　邮编:200092　电话:021-65985622)
经　　销　全国各地新华书店
排　　版　南京月叶图文制作有限公司
印　　刷　常熟市华顺印刷有限公司
开　　本　787 mm×1092 mm　1/16
印　　张　10.75
字　　数　215 000
版　　次　2020 年 4 月第 1 版　　2020 年 4 月第 1 次印刷
书　　号　ISBN 978-7-5608-8108-9

定　　价　68.00 元

序

在后工业时代的现代社会,我们正面临着早期的经济高速发展所带来的严重环境问题和文化的趋同化等问题,特别在资源和材料方面,针对结构本身的变革是我们这个时代的使命。

目前,有为数众多的与新能源、新材料有关的技术在不断地试错过程中更新迭代,向前发展。但同时,我们也能够看到传统的化石资源仍然在整个消费结构中占主导地位,再生性资源的利用还不够充分。在这样的大背景下,抛开技术上的制约,现实生活中对于一般再生性资源的认知度还很低,人们还无法摆脱大量生产、大量消费的循环。

本书中提到的"秸秆"材料是东亚一带广泛进行的稻作植物栽培的副产品。也就是说,无论是谁都可以很容易地获得,并且非常容易进行加工,曾经被中日两国人民广泛使用,并在资源循环型的生活中占有重要地位。日本的"榻榻米文化"和中国的"草席文化"是建立在秸秆的有效利用和创新制作的基础上。在人们的日常生活当中,秸秆无论是作为一种手工艺材料还是一种能源都被尽最大限度地利用,最后,再以另一种形态回归到土地中,在这个循环的过程中,人们也想出了各种各样可利用的方法。因此,这些与能源、材料相关的诸多问题也与人们的生活方式,即文化有着密切的关系。

以后的时代,针对类似秸秆这样的材料,如何重新发现,重新认识它的背景里蕴含的价值并将其灵活运用将变得非常重要。为此,不仅要针对材料本身展开研究,还要具备针对材料的背景文化进行学习的视野。只有通过这样的学习,才有可能形成不拘泥于形态,反映包含用户经验的,提高传统资源循环型材料价值的设计。

　　本书是一本有关秸秆的设计和创新,以及与之相关的涵盖该材料从基础到应用所有领域的针对专业设计师的教科书。书中结合了很多具有参考价值的实践案例来介绍如何可持续性地利用秸秆这一资源。其中最重要的一点在于作者强调了生活者为生活而设计的观点。也就是说,生活中的人们为了自己生活得更好,在生活中总结了各种各样的经验。从这层意义上来说,这本书将成为今后这一研究领域一本重要的参考书。

　　作者顾艺先生于 2007 年在日本国立千叶大学设计心理学研究室获得了硕士学位,之后,回到他的故乡中国上海,并成为了一名高校的教育工作者。我和他再次相遇是 2014 年,这次他是作为中国的访问学者来到千叶大学。在日本一年的访问学习期间,顾艺先生就日本以及中国设计界非常关注的地域活性化问题从各个角度进行了细致研究。他还通过对中国的国情、历史的背景和现代新农村建设模式的比较研究发表了相关的论文。

　　本书是顾艺先生在该领域各种研究活动和学术努力的集大成。因此,我很期待这本书能对研究设计文化的研究者、实践者以启迪,带给他们更多的灵感。也希望通过这本书能够让更多的人了解“地域活性化”的概念和相关理念,和大家分享以人、文化、地区、生产、景观为基础,以生活者为中心的“内发的地域发展”的设计理念。在此基础上,多变而无形的文化才能成为一个主体,并持续地传承下去。真正意义上的商品开发和生态旅游才能对地域文化和地域经济的发展形成有效支撑。

　　综上所述,我很期待本书能对中国的地域发展和地域建设作出应有的贡献。今后,只有在各个地区社会中形成适合当地的地域振兴、活性化发展道路的情况下,中国才能真正地实现和平与富足的社会建设。

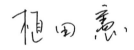

日本国立千叶大学设计文化研究室　教授

目　录

绪　　论

目前,全球范围内面临的能源和环境问题已成为制约社会发展的关键因素。为了应对这一局面,各国均在积极探索再生性资源及其综合利用技术,以实现资源的循环利用。秸秆,作为一种再生性资源,它的循环利用契合了这样的情境和时机,对其创新性利用进行研究具有很高的学术价值和积极的实践意义。本书从理论与实践的双重角度,引入大量实践案例,逐层深入展开对"秸秆创新利用"这一课题的研究。

秸秆的利用自古有之,通常被用作饲料、肥料、燃料等,或者通过编织技术制作成日常生产、生活用具,如蓑衣、斗笠、篮子等。然而,这只是秸秆的简单利用,并没有充分利用其优越的物理化学性能,也没有产生规模效应,通常也不再满足现代生产生活需求。在现代农业中,生产规模空前提高,秸秆作为农作物剩余物,其产量非常丰富,人们不得不考虑其回收处理成本。若不能妥善处理,简单地付之一炬,不但会造成巨大的资源浪费,更加会造成严重的大气污染。因此,秸秆具有"用则利、弃则害"的特点。在现代背景下,秸秆资源的综合利用必须实现产业化、规模化、系统化。在此过程中,秸秆材料的创新设计必然扮演着重要角色。

本书从设计学视角补充秸秆资源的综合利用研究,在厘清再生资源利用的生态观、传统造物观、现代设计观的历史发展脉络的前提下,聚焦于秸秆这种再生资源,回顾其传统利用方式和造物类型,并分析秸秆的特性。在此基础上,引入丰富的设计实例,充分剖析秸秆材料在当今世界各领域实践中的应用情况,包括能源化、产业化、系统化、艺术化利用。理论研究和创新设计研究目的都是为了服务社会,促进社会生产力的发展,提升产业竞争力,提高人民生活水平。本书结合当今中国的乡村战略,将秸秆的创新利用融入到乡村建设中,深度分析秸秆在文化乡建、产业乡建和艺术乡建中的创新利用,拓展乡村建设模式,为地域发展增添活力。

　　总体而言,秸秆的创新利用受到三方面因素的影响——技术、设计和社会背景。随着技术和工艺的进步,秸秆材料的形态已经发生了很大变化,通常以人造板等复合材料的形式呈现,使其应用范围不断扩大。技术的革新扩展了设计的可能性,同时,创新设计又可以引导并促进技术的发展,二者相辅相成。此外,秸秆材料的艺术化利用除了能创造具有欣赏价值的优美艺术品外,还可以以装置艺术和大地艺术的形式传达生态和谐的概念,让人们在感受到震撼的同时,也开始思考人与自然的关系问题。这也是转变人们观念的重要尝试,能够从观念上帮助提升我国的生态文明面貌。除此之外,相关的社会背景包括政策、资本市场、人们对秸秆材料的感知与接受情况等。

　　在展开研究之前,我们必须对与秸秆创新利用有关的理论背景、现实意义进行简单了解,包括当今世界严峻的能源与环境问题、环境立法的进程、低碳经济与循环经济模式的提出、再生资源总体利用现状、秸秆资源综合利用情况以及秸秆资源创新利用的意义。

1. 能源与环境

　　人类的生存和发展离不开能源。特别是在当今社会,经济发展的要求对能源高度依赖,存在供不应求的情况。造成这种局面的原因有两个方面:一是能源使用效率低下,二是能源结构不合理。

　　能源消耗总是伴随着经济发展而来。进入 21 世纪,我国经济进入快速增长期,能源消耗量也呈现连年上升的趋势。2011 年,我国的能源消耗达到了全球的 20.3%,超过美国(19%),成为全球能源消耗榜首。然而,我国的能源利用效率却较为低下,造成较大的资源浪费。美国能效经济委员会(ACEEE)的报告《2014 年国际能源效率计分卡》显示,世界 16 大经济体的能源效率排名中,德国位居榜首,中国和法国并列第四。该报告指出,2000—2011 年间,中国在建筑和公共交通方面的能源效率较高,而工业领域的能源效率则不尽如人意,能源效率的研究投入仍比较低[1]。与此同时,该报告还指出,各经济体在能源效率方面仍有很大的提升空间,各国都应该承担起更大的责任。

　　除了能源效率,能源结构也是能源问题的一个重要方面。在传统能源中,煤炭是最常用的能源之一。根据国家统计局数据,2014 年,我国能源消费总量中,煤炭消费总量位居第一,占到能源消费总量的 66%,其次为石油能源消费,占到能源消费总量的17%；其中，煤炭、石油和天然气三种能源总占比89%，而清洁能源水电、核电、风电消费总量为11%①（图0-1）。由此可见，化石能源依然是我国的主要消耗能源。这导致两个方面的问题：一是居高不下的碳排放量，二是其不可持续性。化石能源是碳氢化合物及其衍生物，燃烧后会产生温室气体二氧化碳，导致全球变暖，威胁生态平衡。另外，化石能源是古代生物化石沉积物，具有不可再生性，终将消耗殆尽。由于开采技术、分布情况等诸多因素的限制，目前我国的能源消费结构存在一定局限性，开发清洁并可再生的能源必将成为今后发展的主要方向。

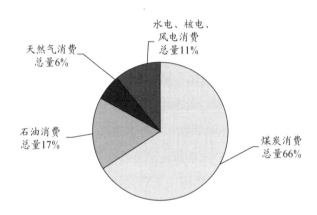

图0-1　2014年我国能源消费结构

2. 解决之道：环境立法与生态发展

目前，人们对化石能源的开采已经对环境造成了相当程度的破坏。气候变暖、水资源污染、大气污染等环境问题不但制约了经济的发展，更严重影响了人类的生活，资源依赖型经济发展模式受到了挑战。为了应对这种局面，人们期待以立法的形式将环境保护作为强制义务，约束人们的行为。环境立法在世界范围内经历了三个主要发展阶段：

1) 发展初期阶段（1960—1980）

这一时期，环境污染的各种负面影响，引起了世界各国和地区的重视，除了

① 2014能源年度数据［EB/OL］http：//data. stats. gov. cn/easyquery. htm? cn = C01&zb = A070F&sj=2014.

在某些领域推广资源循环利用理念的同时,强化治污力度外,还开展了一系列立法活动,这一时期的立法主要集中于完善各国国内和地区内立法。

2) 形成共识阶段 (1980—1990)

在这一阶段,国际社会开始积极促进立法完善。一方面,针对存在严重污染情况的国家进行了责任的明确划分;另一方面,启动了国际、国内环境立法相结合的模式,在国际合作方面进行了尝试。

3) 联合行动阶段 (1990—至今)

在这一时期,联合国作为组织和协调机构,定期召开"环境与发展大会"(下称"大会"),并签署了一系列公约或协议,世界范围内的环境立法进入到联合行动阶段。例如1992年,通过了环境行为准则——《里约宣言》,其精神内核为:为可持续发展目标的实现提供政策保障,促进新型全球伙伴关系的建立。1994年,大会签署了《联合国气候变化框架公约》,其主要目的是控制温室气体的排放。1997年,为控制污染气体的排放,一百多个国家和地区通过了新的污染气体排放标准,并将该标准命名为《京都议定书》。

此外,解决能源与环境问题的另一个行之有效的方法就是生态发展。因为"发展"是我党执政兴国的第一要务,但"生态环境"又是关系我党使命宗旨的重大政治问题,也是关系民生的重大社会问题。任何以破坏环境为代价的发展都难以持久。因此,我们必须在"发展"与"保护"之间寻求平衡,实现可持续发展。环境立法是一个方面,更重要的是探寻新的可持续经济模式,而奉行"生态"发展的理念,通过"低碳经济"和"循环经济"是一条事半功倍的捷径。

2003年,在白皮书《创建低碳经济》中,英国首次对"低碳经济"这一名词进行了介绍,随后被许多国家借鉴。作为一种绿色发展模式,所谓低碳经济,指的是在经济发展过程中,基于对"高效益,高效率,高效能"原则,以及"低排放,低污染,低能耗"理念的遵循,以节能减排为路径,以低碳发展为目标,以科学技术为依托的模式[2]。低碳经济的概念是针对可持续发展理念中3R原则中的"减量化"(Reduce)这一原则而提出的,而"循环经济"的概念则是针对3R原则中的另外两个原则,即"再利用(Reuse)"和"再循环(Recycling)"提出的。

循环经济是针对"资源—产品—废物"的传统经济发展方式提出的。从本质上看,与传统经济相比,循环经济根本的不同在于创造性地引入了资源循环模式,即"资源—产品—再生性资源"[3]。因此,资源的循环利用是循环经济的核心内涵。中国工程院院士、清华大学教授钱易认为,资源再生至少具有三方面重要意义：延长人类利用自然资源的时间;减轻环境污染;若能将资源再生作为新的战略方向,中国将找到新的经济增长点[4]。由此可见,资源的循环利用是发展循环经济的重点。

在实践中,循环利用的资源主要包括工业生产中的工业固体废弃物、工业废水、工业废气、工业余热,农林废弃物资源,流通与消费过程中的废弃物,等等。我国从二十世纪五十年代开始就建立了遍及城乡的废旧物资回收系统,将再生性资源循环网络铺设至全国各地,创造了可观的社会、经济效益。近年来,垃圾分类做法初见成效,利用先进的技术分别把生活垃圾转换成家畜饲料、有机肥料或燃料电池。与此同时,贵金属、有色金属等的提纯、循环技术的日益提高,也为资源的循环利用创造了有利条件。另外,我国在轮胎、钢铁屑、锌、铝、铅等的再生利用上,也取得了长足的进步,尤其通过蓄电池回收进行铅的循环利用的工作,效果十分理想[5]。因此,我国具有较好的资源循环利用基础。

3. 再生资源及其利用

"再生资源",又称"可再生资源"或"可更新资源",被定义为"具有自我更新复原的特性,并且可以持续利用的一类资源"。常见的再生资源包括水生生物、湿地、自然生物群落、沼气、植物、太阳能等。再生资源并不是取之不尽、用之不竭的,在一定的时间和空间范围内也是有限的。如果破坏了它们的再生机制,或者是消除了它们复原的环境,那它们就只能被一次利用后而枯竭。土壤资源、各种生物资源、水资源等均是这类资源。只有在人们的开采速率小于其再生速率的情况下,才能够使其持续再生更新和增长[6]。

再生性资源利用通常可以搭配互补,形成混合系统,例如,综合利用光能和风能,能够有效改善单独开发某种能源影响电网的情况。混合可再生能源系统有多种可能的组合,较为典型的有光—储—水—柴微网系统、风—光—柴—波浪能混合系统等[7]。对于此类系统,现有研究多集中于经济性评价、优化策略、系统建模、容量优化配置预测等方面[8-10]。其中,作为多能互补系统设计的关键内容,属于容量优化配置研究项目的微源优化配置,在提高资源利用率、保障系统供电稳定性、控制系统成本投入等方面,发挥着不可替代的作用。

　　美国是世界上首批从事可再生资源开发的国家之一。在二十世纪八十年代,美国实现了对水电资源的规模化开发,此后,其他可再生资源也得到了合理充分的利用。最近几年,该国从战略的高度推出了一系列能源政策,为其独立可持续能源系统的进一步发展,夯实了政策基础。随着生物技术的进步,美国建立了能够提取酶、调整植物成分的系统,由此,新型中间体及产品生产、化学产品制造等领域,打开了全新的局面。相关数据显示,美国共有 22.46 亿英亩牧场、耕地、森林等,其中 4.24 亿英亩用于主农作物的生产,能够产生数量可观的基础资源。Bio-based products,中文译作生物产品,指的是以可再生资源为原料,采取工业手段生产具有降解性的产品。当下,清洁剂、溶剂、润滑剂、胶黏剂等,是美国的主要生物产品。日新月异的生物产品被认为是第二次"绿色革命"爆发的标志。

　　相比之下,国内相关研究虽然初见成果,但仍然面临一些问题。例如,现有可再生资源综合利用系统依然停留在起步阶段;容量配置的主观性、随意性过强,前期规划不够合理全面;与可再生资源系统算法有关的理论成果关联性不足;相关环境效益评价相对缺失。与美国相比,我国的可再生资源综合利用基本停留在技术层面,产品化程度不高,而能让终端消费者接触到并有机会使用的恰恰是日常用品。因此,有必要从创新设计角度进行综合考量,这在很大程度上决定了再生性资源综合利用的观念是否能够深入人心。

4. 秸秆:用则利,弃则害

　　秸秆是农作物在"取得果实和种子后,剩余的发展成型的植物其他部分,其中不包含其地下部分"[11]。我国自古以来就具有发达的农耕文明,秸秆在我国产量丰富且分布较广,秸秆利用具有广泛的基础。秸秆具有"用则利,弃则害"的特点。对秸秆弃之不顾,或者采用不当的方式处理,则会导致很大的浪费或环境污染[12]。目前,农村能源结构持续优化,秸秆产量大幅提升,再加上收集运输成本高、产业化程度低、经济性差等诸多因素的影响,大量秸秆资源未被充分利用。甚至,因为不知如何处理,焚烧秸秆现象时有发生,造成大气环境污染。由此可见,现代化进程下的秸秆利用存在诸多问题,仍需进一步研究。

　　过去,秸秆在农村生活中扮演着重要角色,是居民最重要的生活、生产物资之一。早期的秸秆利用是农业废弃物的再利用,秸秆通常被作为饲料、燃料、肥料等使用,很少进行深加工处理。这种利用是一种原始的、低效的、有限的途径。秸秆的现代利用包括五个方面:(1)燃料;(2)畜牧饲料;(3)肥料,造肥还田;(4)工业原料;(5)食用菌基料。此外,现阶段与秸秆资源综合利用有关的主要研究课题包括,秸秆收集方式与储运体系、秸秆资源量估算等,涉及保障机制、决策支持等多个维度[13]。由此可见,目前研究的主要方面集中在如何将秸秆转化为能源或其他产业的辅助用料,以及相关政策和保障体系等方面,与过去的低效、自发的利用方式相比,有着更加系统化和产业化的趋势。

除了上述五个方面,秸秆作为建筑材料和产品原料的优势和潜力也受到越来越多的关注[14-20]。这一方面的应用通常需要通过再循环技术将秸秆转化为社会生产的原料,其造物和造型的能力显著增强。然而,秸秆利用的研究仍然集中于秸秆材料转换技术或秸秆性能指标,缺乏比较系统化的、从设计和造物造型角度的研究。为实现环境友好型经济发展目标,对秸秆资源的创新利用应该从产品全生命周期的角度,将生态环境纳入综合考虑,从而在设计、生产、运输、贮藏等各个环节中降低能耗,使资源得以有效合理利用。

5. 秸秆利用的层次

在长期的实践中,秸秆利用也在随着技术的发展和时代的更迭不断演变。纵观历史,秸秆利用的层次先后经历了简单再利用、技术伴生发展利用、产业化利用及系统化利用几个阶段。

第一,秸秆的简单再利用是指人们对作为农业剩余物的秸秆进行收集和简单地利用。在古代,农耕文明已经对秸秆各方面特性有所了解并加以利用。我国从很早的时期就开始将秸秆用作燃料、编织原料、建筑材料、洪水治理填料、用于保鲜、干燥、保温、防潮等。另外,秸秆还被用作肥料和饲料,虽然必须经过一定的发酵工序和其他材料的混合工序,但仍属于比较简单的利用方式。

第二,技术伴生发展利用是指随着其他技术的发展而产生的秸秆利用方式。比如秸秆用作纺织原料是因为纺织技术的发展;秸秆用作造纸原料是因为造纸技术的发明与发展;秸秆用作洗涤剂是因为化学知识的拓展,发现了草木灰的碱性去污能力;此外,秸秆的诸多医药作用也是伴随着医药学的发展。

第三,秸秆的产业化利用是指工业革命以后,随着全球范围内进行的工业化与产业化,将秸秆资源作为产业原料进行有规模的利用方式。秸秆的产业化利用在工业化的不同时期表现为不同的形式。在初期,可归纳为"燃料、饲料、肥料、工业原料、基料"的"五料"化利用;此后又出现了包括新型科技能源材料石墨烯、新型 3D 打印材料、新型医药化工材料、新型可降解材料和新型健康食品材料在内的"新五料"化利用。

第四,秸秆的系统化利用是指随着供求关系的变化以及产业结构的变革,采用科学的、系统的方法合理规划地区发展,将地区经济、资源利用、生态环境、文化等综合考虑的发展模式。秸秆资源在新时代的利用方式被纳入到系统化发展模式中。

6. 秸秆创新利用的意义

为实现循环经济发展目标,对再生性资源的设计探讨符合减量化、再利用和再循环的原则,从产品全生命周期的角度,将生态环境纳入综合考虑,从而能够在各个环节中降低能耗,提高能源效率,从源头控制污染。以秸秆资源在人居环境领域的使用为例,合理利用空置、多余的秸秆,使资源得以有效合理利用;充分发挥秸秆建筑和造型特性,使一些具有新功能的新型建筑以及产品能够投产,带来新的经济增长点。随着科技的不断迅猛发展,秸秆材料在人居环境中的应用必将成为未来的一个重要领域。秸秆材料健康、低碳,是现代人类社会所追求的天然材料,在呼吁保护地球,维持人类可持续发展的当今社会中有着重要的意义,具体表现在以下三个方面:

1) 实现国家节能减排的目标和建设绿色乡村的重要手段

建筑行业需要消耗原材料,并且在运输途中产生碳排放,在建造过程中产生废气、废料,由于当今技术无法及时处理,造成了严重的污染。随着社会发展,对建筑物的需求量增大,所消耗的自然资源及产生的污染都在不断增大。其中,目前不可再生资源利用比率相当大,给自然环境造成一些无法恢复的破坏。

与此同时,相关领域的实际研究得出了结论,加工后的秸秆在目前的建筑领域中完全可以替代木材,并且其本身具有独特的优点,利用秸秆代替木材,既能够缓解对木材的过度需求,同时又很合理地利用了秸秆,保护环境,保护资源。因此,建筑界普遍对秸秆材料有很高的期待。随着现代科技的进步对秸秆的加工方式也越来越多样化,并且操作较为简易。既可以采用人力加工方式,进行简单地编织和捆扎,也可以使用机械进行切割和整合,其过程绿色健康。并且,秸秆这种原材料是绿色植物光合作用的产物,在其生产过程中,本身就吸收了二氧化碳,因此使得加工过程中的碳排放量大大降低。同时,建筑真正被人使用是最为重要的环节,秸秆本身具有隔热、隔音、保温功能,与其他建筑材料相比,更具有优势。

2）是关注绿色生活和建设宜居环境的重要途径

随着国民经济的发展,人们不仅仅追求有地可居,更是在逐步提高自身的生活质量,生态、自然、健康、舒适成为追求的目标。秸秆本身的属性使其保温效果相当理想,能够在建筑中创造出人类适宜长期居住的小气候,与利用高科技所形成的生态居所相比,价格更为亲民,更符合当代人追求绿色生活的目标。除此之外,秸秆建筑本身就是一个绿色产品,基本不释放危害物质,有利于人们的身体健康。而目前在房屋建造过程中所使用的材料,除了在建造过程中可能产生巨大的污染外,完工后的未来几年甚至十几年内,仍会不断释放有害物质,长此以往,居住者的身心健康将会受到巨大的影响,甚至引发难以痊愈的身体疾病。

相比之下,秸秆的绿色可再生,带给了人们更为亲切的体验,居住于秸秆建筑中,更符合人类对自然生活的向往。秸秆材料在人居环境中作为一种媒介,能够在潜移默化中影响到人们的审美观,引导一种新型健康的生活方式,更能唤起人们对自然的敬重之情,发自内心与自然和谐相处。科技与自然,本应和谐共处,相容发展,社会也一定会随着秸秆材料的产生,重铸绿色,使城市与自然间的机械冷漠隔阂被打破。整个社会,如此才会真正向绿色可持续的方向逐步迈进。

3）是地域振兴和传承传统文化的重要一环

现代社会由于城市建设进程集中了社会的大部分优势资源,这种发展方式能够在短时间内获得非常大的成效,但这是一种不健康、不可持续的发展,是以牺牲乡村地区长远发展为代价的。特别是当一些传统产业丧失原有的地位时,当地人难以获得就业机会,纷纷出走他乡,地区发展前景灰暗。这一点从我国东北地区的常住人口流失情况可见一斑。越来越多的人注意到了这一问题,开始探索地域发展新思路。

为实现地域振兴目标,日本国立千叶大学设计文化研究室的宫崎清教授有机结合了设计方法的应用与地域文化的研究。基于农村人口数量锐减这一现状，宫崎清在三岛町设置试验点，通过多种途径、多种方式发起了"农村自我营销"的造物活动，以其"稻草文化"理念为例，科学利用农作物的秸秆，融入当地传统文化，编织各种富有特色的工艺品，并向外来游客推销，不仅盘活了当地经济，还推广了当地传统工艺。

中国并不缺乏精湛的手工艺，这些编织品曾经是我们生活的日用品，能够唤起人们对过去亲近自然的简单生活的美好回忆，相比高科技领域的创新产品，有着更好的接受度和认知度。与秸秆相关的手工制品有着长远的历史，很多技艺近年来却因为从业人员的减少而面临失传的危险。而传统造物中的"匠人"精神也没有受到应有的关注。一个民族或者文明只有在继承传统文化的基础上，才能保持活力，使后续发展更有文化底蕴。也只有保持自己独有的特点，才能使一种文明在世界文明中有一席之地。认同感的构建是传承传统文化的第一步。而秸秆造物深入人们的生活以及人居环境的方方面面，它作为一种媒介时刻与受众对话，对传统文化的传承有着潜移默化的作用。另一方面，农村想要改善生活水平，增强经济活力，必定要依据自身优势的条件，因地制宜发展适合的产业和文化生态。只要发展规划制定合理，选取优势产业重点发展，并注重技术、产品、管理等方面的创新，相信秸秆制品能产生较好的经济效益，从而吸引人口回流，为乡村发展注入活力。

第1章　哲学篇：再生资源利用的生态观与造物观

1.1　古典生态观

1. 中国古典生态观发展历程

"生态保护"，我国古代就已经有人意识到这个问题了，环境、生物之间存在着彼此依存的密切联系。《史记》中关于商汤因为爱护鸟类而"网开三面"的记载，是我国文献记载的关于环保最早的事件。这意味着我国先民早已清晰地意识到，只有科学开采、适度利用，做好自然资源的保护工作，才能达到有效利用包括生物资源在内的自然资源的目的。虽然起初并未形成明确的概念，但随着认识的深入，生态观得到了极大的发展和完善，宋代时"生态平衡"问题已得到广泛关注。

在制度方面，从周代起，中国就建立了系统的环保机制，设立了专门的环保机构，再加上数千年"重礼教""祖先崇拜"心理的影响，环保制度、占训等均得到了有效落实。从本质上看，无论普通民众还是国君诸侯，都将"保护生态、爱护自然"作为行为准则，这种环境意识的影响为文化、自然、人的"一体化"创造了有利条件，初具雏形的历史文化环境认知，也奠定了后续研究的基础。

在春秋战国时期，朴素的生态学思想就已引起了管仲、荀况等学者的关注，并发展为一种普遍的认知。作为一位杰出的政治家，管仲在自然科学、哲学等方面造诣很深，其思想至今仍有较强影响力，比如，《管子·七法》指出，天地间的生物如花草树木、鸟兽虫鱼、人等都有固定不变的数量，自然之法则正在于此。管子认为"审天时，物地生"，这意味着在当时的时代背景下，他已经透过复杂多样的自然万物,发现了自然界的内在规律,并从生态学的角度,向人们提出了"顺应天时,因地制宜"的要求。荀况的生态思想具体表现在以下四个方面:第一,生境的观点。在荀子看来,特定的生境条件是生物生存的必要前提,这一观点体现在"川渊者,龙鱼之居也;山林者,鸟兽之居也""物类之起,必有所始"等言论中。现代生态学中一些领域仍与荀子的理念存在诸多不谋而合之处。第二,生物群居的自然规律。在《荀子·劝学》中,荀子认为,无论禽兽还是草木,都是"物各从其类"生长繁衍的。同时,《荀子·礼记》指出,天地间有血有肉的生灵均有认知,并因此而"爱其类",如果鸟兽从群体中走失,在经过故乡时也会呼号哀鸣。第三,生物间的关系是彼此依存、相互调和的。《荀子·天论》指出,世间万物的萌生、成长,都离不开天地间的和气,雨露的催动、滋养。第四,物质循环转化,"水深而回,树落则粪本"[21]。

结合现代生态学理论审视管仲、荀况的生态学思想不难发现,尽管二者的思想存在一定的局限性,但充分地体现了先民的朴素生态观:顺应自然、尊重环境、维护生态平衡。

2. 中国古典生态理论的启示

科学环境观念的形成,是探讨再生性资源设计问题的前提条件。作为生态机制的重要表现形式,中国古代与环境有关的思想、认识、观念等,均强调文化、自然、人等的和谐发展,中国早已形成朴素的环境、自然思想,并在数千年的发展史中,逐步建立起具有中国特色的东方环境观念体系,对当前的研究具有重要参考价值。

1)"天人合一"的整体观

作为中国古代环境观念的精髓,"天人合一"思想将天、地、人看作有机整体,认为三者间存在连续性。在古代许多理论学说中,"天人合一"都占据着重要地位,比如说,萌芽于殷周时期的五行、阴阳观念,就是以这一思想为基础;《周礼》深刻地诠释了"天人合一"的内涵,并指出:地理环境有别,生长在其中的人、植物、动物等,也具有不同的形体、心理表现。道家先贤老子从哲学层面,将宇宙万物间的关系界定为"道",直到现在,其观点"人法地、地法天、天法道、道法自然"仍具有一定的先进性[21]。由此可知,"天人合一"对中国文化体系有着非常深远的影响。

2）"协调并存"的有情观

中国古人早已意识到与自然和谐相处的重要性,在他们看来,"智者乐水,仁者乐山",也就是人的品性在山川自然中均有映射,且人能从自然中得到愉悦的感受。中国人对自然的有情观在多个方面均有体现,比如说,因尊重自然、热爱自然,而采取借景法来处理传统建筑空间。同时,不管在构造、色彩方面,还是在材料、造型方面,中国传统建筑都强调与自然的和谐,在"因地制宜"原则的指引下,传统建筑也会尽可能地融入自然。此外,从色彩搭配上看,我国传统建筑多采用自然界色彩,体现古人对自然的钟爱。

3）"天人感应"的和谐观

早在远古时期,先民就提出了"天人感应"的观念,到汉代时,董仲舒在前人的基础上,建立了较为系统的"天人感应"理论体系。在他看来,宇宙结构是一个神秘的图示,由五行、四时、阴阳调和而成,五行、阴阳所进行的有规律的运动,体现着自然运行的规律。对道德原则和规范的重视度相对较高,在阴阳五行图示中也纳入了世间一切,这有力地促进了物、人、天等的交融,标志着古代环境观念取得了重大进展[21]。

4）"仁慈护生"的道德观

除了人,自然物也是中国古代"仁慈护生"的对象。《庄子·天下》记载了战国名家惠施的名句:"泛爱万物,天地一体。"宋时,张载提出"民胞物与"的泛爱主义观点,是从本体论的视角,对自然万物和人间关系的探讨。《周书·蔡仲之命》指出,历代君王都十分推崇"德政",在他们看来,上天对人并无亲疏之分,民心也不是一直不变的,只有德才兼备、善于施恩的人,才能得到民众的拥护。如是种种,无不体现着我国古代仁慈护生的道德观。

5）"知止知足"的价值观

作为我国古人的信条之一,"知止知足"集中体现古人"适度开采自然资源"的价值观,是我国自然环境保护、自然资源利用的重要指导思想。《老子》认为,懂得适可而止可以使自然资源免于枯竭。《黄老帛书·国次》指出,过度开采自然资源,必然会带来灾祸。《论语》则认为,应行"中庸"之道,"允执其中",无论"不及"还是"过",都有不合理之处。孔子的"中庸"之道体现中国人崇尚的"恰好"观念,具有一定的先进性。上述理论思想所营造的文化环境,培养了我国古人"适可而止"的价值取向,影响着现代生态观的发展和形成。

如前所述,对于自然、环境,中国古代已形成了十分接近现代生态学理论的朴素生态观。中国古代所培育的健全、丰富的环境观念,有力地促进了环境保护、建设水平的提高。现阶段,环境法"执行难、守法难"的现象广泛存在,造成这种局面的原因十分复杂,其中最关键的就是思想上的淡漠和观念上的模糊。要想从根本上解决日益严重的再生性资源问题,就要注重生态伦理观、环境观念的培养,提高人们爱护环境、保护生态的意识。

1.2 古典造物观

为了进一步了解古代的资源利用情况,除了在整体层面回顾中国古代的生态观,还应该在具体层面回顾古代的造物观。我国古代的造物观是围绕"道"和"器"的关系而展开的。

1. 中国传统造物设计的道器论

《易传·系辞》指出,"形而上者谓之道,形而下者谓之器"。所谓"道",指的是精神层面的不可捉摸的存在;所谓"器",指的是物质层面有实际形体的存在。在通过造型语言传达人们对"形式美"的理解外,"器物"还能以有形的"器"为媒介,完成传"道"的使命,这就使"器物"的含义不仅限于物质层面,还延伸至精神层面。器物具象的、外在的质、形,也就是物质性的结构、形制,即所谓"形";器物功能性的、内在的使用功能,也就是实用性,即所谓"器"。"器以载道"是用有形的器物来承载无形的"道",将无形的精神境界表达出来。"形""器""道"三者相辅相成、缺一不可,共同构成了中国传统造物设计系统。

既然"器"是用来传达"道"的,那么通常传达何种"道"? 据《道德经》记载,老子思想内核为"人法地,地法天,天法道,道法自然",这是指人依靠土地生产农作物而生存,农业又依靠天气、物候,而气象变化又须遵循其规律。"道"包含了三个方面的内涵:万物之本源、无限真实之实体、万物遵循之总则。"自然"指的并非是狭义的自然界,而是指事物本身的发展规律[22]。因此,"道法自然"是指,万事万物都应该遵循自身的发展规律,取法于天地万物,顺应物则,集中体现了古人的取象标准、造物法则。

除了"道法自然"，中国传统造物观中另一个概念"制器尚象"也表达了类似的思想。"制器尚象"出自《周易》"以制器者尚其象"，《韩非子·解老》指出"人希见其生象也，而得死象之骨，案其图以想其生也，故诸人之所以意想者，皆谓之象也"。"象"的含义由卦象扩展至自然之象，"制器尚象"即观象制器，指的是观察自然界的现象而后运用到造物活动中，例如，当古人看到木头浮在水上的现象，就利用木头的浮力制造了船只。因此，制器尚象是顺应自然现象、规律并利用其原理来进行造物设计的一种造物观，体现了一种宇宙象征主义的文化观[23]。

从中国古代生态哲学史结合造物史可以看出，在造物设计过程中，先民以自然万物为参考，进行造型、形态的设计，就此而言，最伟大的设计师是大自然，设计可以从自然形态中获取造型设计的最佳灵感[24]。这一点与现代设计观中"以自然为中心的设计"异曲同工。根据这种哲学思想，中国古代流传下来一些具体领域的造物著作，包括建筑设计、施工与规范著作《营造法式》，关于农业和手工业生产的综合著作《天工开物》，专门记载手工业生产技术与工艺美术的《考工记》等。这些著作中记载的各种造物技术与方法，充分体现了中国古代的造物设计哲学，尊重规则、效法自然，其思想直至今日仍有很强的借鉴意义。

2. 秸秆造物

秸秆造物的材质丰富多样，有小麦、水稻、玉米、薯类、棉花、甘蔗等农作物剩余部分，所有材质均为造物者从大自然中采集而来，通过一系列加工工艺，使其成为具有一定功能的器物。虽然只是农业剩余物，但古人物尽其用，利用智慧和勤劳的双手，围绕"衣、食、住、行"，利用秸秆创造出了相当数量的生产、生活用具。在此过程中，古代造物者对自然和人之间关系的处理态度、对自然及其规律的尊崇、尽力效法自然的努力，以及"制器尚象""器以载道"的设计理念，均得到了充分的体现。

使用秸秆制作的日常生活用具，兼具装饰作用和实用功能，实现了艺术性与功能性的统一。同时，作为物质文化的重要载体，秸秆造物承载着先民"器以载道"的设计理念、造物者的智慧、民族文化的独特属性，可在利用多样化的语义符号将形式的美感和内在的功能提供给人类时，将中华文化的语义价值观传递给世界。

1.3　现代生态观与发展观

如前所述,中国古代的生态观与造物观充分尊重自然和规律,在合理的范围内开采自然资源用以生产。这种对自然的"敬畏"一方面来源于对传统的传承,另一方面也来源于对未知的恐惧。然而,自西方十八世纪启蒙运动以来,科学技术迅猛发展,人类也渐渐失去了对自然的敬畏,开始支配和控制自然。由于过度开采和治理不当,生态环境日益恶化。在这种"人类中心主义"背景下,一些思想家开始反思人类与自然的关系,其中卢梭和马克思的生态思想具有代表性。

1. 生态自然观

1) 卢梭的生态自然观

卢梭是十八世纪法国伟大的启蒙思想家、哲学家,他认为,人并不独立于自然之外,或与自然对立,而是自然的一部分。人与自然的关系也并不是支配与控制,而是应该尊重和欣赏自然[25]。卢梭反对对自然的"科学主义"观点,认为它会导致人们的"功利主义"冷漠态度,把一切都和自身的实际利益联系起来。

卢梭是西方最早指责科学技术和工业文明破坏生态的人之一。他认为,科学实验和工业生产活动都在不同程度地破坏自然与生态环境,人类为了富足的生活而不断开采自然资源。然而,一味的索取最终只会造成更大的环境灾难,危害人类健康,破坏人们的幸福。因此,这种发展方式实际上与启蒙思想家们推崇的幸福生活背道而驰。

卢梭的生态学主张主要体现在他的《论人类不平等的起源和基础》一文中,他认为,野蛮人的幸福来源于他们的无知导致的有限需求和他们自身的有限能力的匹配。换言之,幸福来源于无知,而不是如启蒙思想家们相信的,科学技术促进人类幸福。与此同时,卢梭认为,一切动物都有生存的权利,因此它们也必须有权使用自然界的资源,人类与动物应当共享大自然[25]。

2) 马克思的生态自然观

马克思的生态自然观产生于对资本主义制度和资本主义生产方式的批判,他认为,资本家由于其贪婪的本性,不但对工人阶级进行剥削,也对自然界产生严重的破坏[26]。马克思的生态自然观的意义在于,首先,揭示了生态危机的根源,即资本主义生产方式。资本家对利益的追逐的本质必然导致其对工人和自然资源的不断压榨,而生产活动本身又会产生废水、废气、废渣,资本家们对这些环境破坏物没有处理的动机,这必将导致严重的生态危机。

其次,马克思提出,人与自然是辩证统一的关系。自然界先于人类而存在,人类的生存、生产、发展均离不开自然界的各种资源,人也是自然界的一部分。人既是自然存在物,又是社会存在物。人类为维持生存必须与自然界不断互动,实现物质变换。但这种变换应该在合理的、自然界可承受的范围内,只有如此,才能够维持人类可持续的发展。

最后,马克思生态自然观提出,必须实现"两个和解",即人与自然的和解以及人与人的和解。实现这两个和解的根本途径是共产主义。只有彻底推翻资本主义、消灭私有制,才能从根本上解决资本主义制度产生的生态危机问题。在共产主义社会中,自然资源和生产资料公有化,联合起来的生产者,合理地调节人类与自然之间的物质变换[27]。

马克思的生态自然观在当代背景下具有重要的意义。首先,环境保护需要加大国际交流与合作,并充分借鉴各国生态环境治理的宝贵经验。其次,科学技术应该向绿色、生态化方向发展,具体做法包括资源的循环利用、提高资源自用效率和提倡生产过程的绿色环保,并生产环境友好型产品。最后,只有从思想上提高人们的生态环境保护意识,才能从根本上实现人与自然的和谐。具体的做法包括在全社会范围内展开生态文明教育,倡导科学、理性的消费观念等。

3）深层生态学

卢梭的生态自然观点实际上已经初具"深层生态学"特征,与浅层生态学相比,深层生态学认为,动物以及其他一切生命形式都具有独立的权利和价值,而非仅具有与人类相联系的价值与意义。当面对环境污染与生态危机时,浅层意义的环境保护者会认为人类应当克制自身的欲望,改变利用自然的方式,但这仍然没有摆脱启蒙运动以来"人类中心主义"的立场。

二十世纪中期,西方社会的环境保护运动迎来高潮期。1962 年,Rachel Carson 发表了《寂静的春天》,充分表达了对生态环境的担忧,引起了一场人与自然关系的大讨论。以反对"人类中心主义"为特征的深层生态学思想逐渐形成,主张"生态中心主义"的概念。"深层生态学"的概念由 Naess[28] 正式提出,随后,Devall 和 Sessions[29] 将 Naess 的思想进一步完善并引入到生态哲学中,最终形成了深层生态学派。

"生态智慧 T"是深层生态学的理论基础,包括两条准备和八条行动纲领。两条准则为自我实现准则和生态中心主义平等准则。其中,"自我"特指"生态自我",这要求颠覆过去人与自然对立的思想,要求对自然和其他一切生命形式认同。生态中心主义平等准则与自我实现准则密切相关,平等指的是人类与动物以及其他所有生命形式应该享有平等的生存发展和自我实现权利。八条行动纲领在更加具体的层面上解释了深层生态学的思想,包括人类和所有其他生命形式的健康和繁荣有着自身固有价值;生命形式的丰富多样性有助于实现这些价值;除非必须,人类无权减少生命形式的多样性,等等[30]。

值得注意的是,Devall 和 Sessions[29] 在他们的著作《深层生态学》(*Deep Ecology*)中阐述,当代深层生态学受到中国《道德经》的启发。由此可见,我国传统的生态观具有相当的先进性,生态保护的思想在我国也具有较好的文化基础。

2. 现代发展观:可持续发展

实际上,当代背景下的生态思想都是在发展的背景下谈及的,若人类自身不寻求发展,只是如原始人那般生存,便不太可能产生如今的生态危机和能源问题。但这显然不是解决之道。西方世界自工业革命以来,盲目追求发展,对环境问题认识不足,因此只好采取"先污染,后治理"的做法。这不但要耗费大量的人力、物力,其效果也不甚理想。后发展地区不能复制西方发达国家模式,也不能要求后发展的地区以遏制自身发展的方式来保护环境,这显然违背了人类享有平等的追求幸福的权利这项基本原则。特别是,在世界范围内,还有相当多的区域还处在欠发达状态,我国也正处在并将长期处在社会主义初级阶段,发展是这些地区的首要任务。如何解决发展与环境保护之间的矛盾是一项紧迫的任务。

前文提及,人们提出了"低碳经济""循环经济"等概念来平衡发展与环境问题。结合卢梭对科学技术和工业文明的批判、马克思对资本主义制度的批判,深层生态学对"人类中心主义"的批判,不难看出,只有在技术、文化、制度以及深层观念的层面重视环境保护,才能实现科学发展。科学发展观是我国进入新时期提出的重要国家战略，要求立足于社会主义初级阶段的基本国情，借鉴中国实践和外国经验，"以人为本，树立全面、协调、可持续的发展观，促进经济社会和人的全面发展"。

可持续发展观是科学发展观的核心之所在。可持续发展（Sustainable Development）是二十世纪八十年代世界环境与发展委员会在《我们共同的未来》报告中首次提出的，并在国际社会达成了广泛共识。可持续发展模式是指，既满足当代人人发展的需要，又不损害祖孙后代的利益的一种模式。这是一种永续发展，要求经济、社会、资源和环境保护全面协调系统化发展。1999 年，《中国可持续发展战略报告》提出了我国可持续发展的三大目标，即人口规模的零增长、能源消耗的零增长、生态退化的零增长。由此可见，我国坚持走可持续发展道路的决心。

从科学发展观和可持续发展观可以看出，我国的发展观并不认为人与自然是必然对立的两面，实现共同发展是可能的。这体现了当代中国人对古代生态哲学的传承，也体现了中华民族的智慧。

1.4　现代设计观

创新是由人类"求新、求变"心理驱使的，创新设计是商品经济模式中为了追逐利益，不断迎合人们的求新求变心理而催生的一个领域。审视设计的发展历程有助于我们理解当下设计领域的现状之成因，并预测未来发展走向。

1. 现代设计发展历程

作为人类社会不断前行的原动力，创新的重要性不言而喻。因此，随着时代的发展，人们开始越来越多地将目光转移到创新上。根据现有理论，人类所有自觉的、有目的而为之的行为方式，统称为"方法"。作为设计文化的一大支柱，设计方法、设计理论，是设计方法学的两大研究结果。其中，前者指的是对产品设计具体方法的研究，后者指的是对产品设计基本规律、系统行为的研究。科学的进步促进了技术的融合，多个边缘学科，如信息论、系统论、控制论的出现，以及社会、自然科学的合体，从理论上奠定了现代设计方法的发展基础。与此同时，网络、计算机等技术的进步，也使现代设计方法获得了新的工具和媒介。

工业化解放了人们的双手,生产力发生了质的飞跃。但一开始的工业产品基本上是"粗制滥造"的代名词,推崇的仅仅是满足功能。人们开始探索"以人为本"的设计理念,工业化初期被摈弃的装饰和满足人的审美需求的一系列功能以外的要点被列入设计的考虑范围。但是,当全球面临环境、能源问题时,设计也必将受到波及,仅仅考虑人的需要显然是不够的和不负责任的,这时,人—产品—环境的系统设计理论诞生了。

现代设计是随着社会的现代化发展而出现的,现代设计观大致经历了三个演变阶段:

1) 二十世纪前期——"形式追随功能"

该阶段设计理念主张从产品固有形态中跳出,着眼于产品的功能、结构等属性,改善产品的审美性、适用性,在持续优化产品功能的过程中,体现设计的审美价值,从现代设计的基本出发点看:实现产品形式、功能的高度统一。

2) 二十世纪后期——"形式追随激情"

随着西方世界进入后工业时期,各个领域如文学、美学、哲学等,相继发动了反主流文化运动,在批判、反思现代主义设计原则的过程中,逐渐提炼出多元化的反主流设计理念。

3) 二十一世纪——"形式追随需求"

进入新世纪,技术和社会发展的进步使物质产品功能的实现已不再是产品取得成功的关键,设计的重心也随之开始向"形式"转移,这个过程是从物质到非物质的,换言之,此前长期占据主流地位的"硬件形式"产品竞争,正逐渐被"软件形式"产品竞争取代[31]。现代设计的设计观经历了否定之否定的演变道路,这与人类自身发展进程相一致,体现了人类思想的与时俱进。近现代设计理论基本经历了一个从形式主义到功能主义再到存在主义的转向。

从设计活动中关注的重点内容来看,现代设计经历了以下五个阶段:

1) 以"艺术"为中心的设计理念

这一设计理念诞生于十九世纪,认为工业设计属于艺术创作的范畴,所谓设计即对产品的美化。这一论调集中反映在:在工业设计概念传入初期,我国以"工业美术"命名工业设计。在这个阶段,不少设计师、企业认为"工业设计"是艺术创作的一种,设计甚至被认为是"应用艺术"或"小艺术"。

2) 以"产品"为中心的设计理念

该理念体系体现在训练过程中,提高了人们对产品的适应能力,因此,其出发点为促进机器效率、产品性能的提高。作为这一理念的理论基础,技术决定论认为,所有问题都能在技术的发展过程中得到解决,因此,这一价值概念始终致力于以技术取代其他力量、因素来实现各种目标。泰勒管理理论、行为主义心理学,是技术决定论的基本思想。

3) 以"消费"为中心的设计理念

该理念体系致力于以提高产品升级换代速度的方式,人为加快产品更新的速度,从而在短时间内增加产品的销量,因此,其出发点为刺激消费。作为消费社会的设计基石之一,中心为"消费"的设计理念诞生于二十世纪三十年代,前身为"有计划废止制",由美国通用汽车公司提出,是现阶段以时装企业为代表的消费品生产企业使用频率最高的产品策略之一。

4) 以"人"为中心的设计理念

该思想体系认为,道德、社会效应是设计的核心所在,应重点关注妇女、儿童、老人、残障人士等群体的本质需求,因此,其出发点为确保人的需求的满足。此外,设计的"可用性"也是这一理念的侧重点。据此不难看出,中心为"人"的设计理念糅合了多个工业设计主流理念。

5) 以"自然"为中心的设计理念

在自然环境中,对自然生态进行维护,是人类对生存条件进行维护的基础,人类有必要以生态学世界观相关理论为依据,对工作、生活概念进行重设,基于此,生态设计概念的设计准则主要有下述六点:

(1) 力求在不为流行式样左右的前提下,保持设计的持久性。

(2) 尽量增强产品的多用性。

(3) 降低废弃物的排放量。

(4) 通过模块化结构的应用,从可回收性、可维修性、可拆卸性等方面,对产品加以优化。

(5) 降低因加工产生的水、能源的消耗量。

(6) 以最低的原材料用量,达到最理想的设计效果。

设计目的、设计方法,而非设计对象,是前述设计理念的主要区别,所以,在工业设计过程中,设计思想发挥着基础性的作用,其目的、价值观是所有设计方法、理论、知识得以实现的前提。

纵观设计发展的历史可以发现,每一次设计观的改变都伴随着深刻的社会、历史、政治、经济、技术和文化的变革。因此设计的理论研究需要放置于更大的人类社会文化系统中,只有在此种语境下去考量设计理念发展的延续性和演变规律,或者是横向对比不同地域和文化中设计理念的异同,才能更加全面地认识和解释各种设计现象,并且在此基础上进一步探索新的设计理念。对再生性资源的创新设计研究,能够为设计哲学和设计理论提供新的视角,为设计思潮的演进探索新的可能性。

2. 可持续设计

可持续设计(Design For Sustainability,DFS)理论是可持续发展理念的延伸,代表设计领域对环境问题和人类活动间关系的重构。此前,设计被归于"服务业",旨在为产品市场占有率、附加价值的提高服务,所以在某些情况下会被企业用于牟利。随着市场上产品种类的增多,有人提出:刺激人类消费欲望的根源即为设计。这种设计观点被批评家定性为不良企业的牟利工具、资源浪费的根源、消费主义的增生剂,一度受到了各界的抵制。

面对社会各界的质疑,设计师们开始从职业道德、社会责任等方面进行反思:如何定位设计的前景、发展方向、原则,才是合理的? 在此背景下,"可持续设计"理念得到了进一步的发展和推广,并成为当前设计领域的一大潮流。

判断某种设计属于"可持续设计"与否,需从多个方面进行评估,并非所有以绿色环保的、可降解的材料为实现基础的设计,都属于可持续设计的范畴。图 1-1 为绿色环保笔。也许大部分人会认为如图 1-1 所示的环保笔由于其制作原料来源于玉米淀粉的可降解材料,符合"可持续设计"理念;钢笔则反之(图1-2)。如果每天需要连续书写 2～3 小时,那么一支绿色环保笔约可用一周,而钢笔则能用五年甚至更久。这意味着超过 200 支的绿色环保笔和 1 支钢笔具有相同的使用效果,故从生产的自然资源消耗和成本上看,钢笔显然更具优势。据此可知,产品在"生产—使用—废弃"的各个环节中对环境的影响,决定着其能否被界定为"可持续设计"。

图1-1　可降解的材料制作的绿色环保笔

图1-2　传统钢笔

可持续设计理论演进历史可总结为以下几个阶段。

1）第一阶段："绿色设计"阶段

在这一时期，"绿色设计"的核心理念是：尽量在使用清洁能源和环境保护型材料的情况下，进行产品的设计。持久性设计、可拆解设计、无害化设计以及围绕 Reuse，Recycle，Reduce 形成的 3R 设计理念，是这一时期的几种主要设计理念。"绿色设计"理念第一次从设计基本要素的层面考虑了环境问题，在某种意义上促进了设计社会价值的提高。然而，在发展初期，该理念的关注点为"事后干预"，也就是在问题发生后，再寻找补救方法；所以，绿色设计仅能对危害的影响力、强度等进行控制，难以达到完全化解环境保护与社会发展间矛盾的目的。

2）第二阶段："生态设计"阶段

通常说的"生态设计"阶段，指的是进行设计时对环境因产品的"设计—生产—使用—报废"等环节所受的影响加以分析。在这一阶段，"过程中干预"受到了高度重视，也就是说，产品的制造、报废所带来的环境问题，均需被考虑在内，而非单纯从"最终结果"的层面思考问题。以该理念为中心，"生态设计"思路以产品设计活动的各个维度、各个流程为切入点，分析在设计活动的不同阶段，产品可能触发的各种环境问题，从而第一时间发现问题并制订针对性解决方案。

立足于产品的"设计—生产—使用—报废"全过程，研究环境与产品之间的关联性,这种设计理念问世之初即已赢得社会各界的普遍认可,特别是部分西方发达国家,更是在此基础上提出了生命周期评估(Life Cycle Assessment, LCA),为产品整个生命周期的设计提供了一种规范化、具体化、科学化程度更高的指导标准,正因如此,该标准被迅速推广至全球多个国家和地区。而在制定环境政策的过程中,我国也充分参考了该标准的相关内容。

3) 第三阶段:"产品服务系统设计"阶段

即以生态效率为基础的产品设计阶段。随着科学技术的进步,人类社会涌现了大批"无形产品",这些产品充斥生产生活的方方面面,引起了人们的广泛关注。从本质上看,无论是购买有形产品,还是消费无形产品,人们的初衷都是为了享受由产品带来的服务。所以,产品的服务功能是这一时期的重点关注对象,在某种意义上,可认为这一阶段的干预是面向"产品和服务"的。卡罗·维佐里教授(米兰理工大学,意大利)的研究表明,从过去的以器物为对象,到以"解决方案"为对象,是"系统设计"最根本的转变。此处所涉及解决方案兼顾无形的产品服务和有形的物质产品两个部分内容。

4) 第四阶段:"可持续发展设计"阶段

"可持续设计"理念发展至今,已达到较高的水平。这一阶段的研究侧重于推广可持续消费模式、关爱弱势群体、尊重物种的多样性、保护地域文化,以及促进和谐公平社会的构建。其中,公平原则指的是社会上所有人都平均地享有分配自然资源、追求幸福、占有环境空间的权利。人与环境、社会等和谐共处,实现可持续发展,即所谓"社会和谐"。此前,全球多所研究机构、大学,在欧盟的支持下,铺设了可持续的学习网络(The Learning Network on Sustainability, LNS),LNS的出发点为:在全球范围内普及可持续设计,以提高可持续设计的影响力。此阶段,各界的工作重心为可持续"消费模式"的提炼和推广,而且,人类在此领域的最新研究主题中,包括"社会创新与可持续设计"。

3. 绿色人居环境设计:秸秆的再登场

人居环境设计中对生态思想的探讨也非常热烈。孔俊婷和董晓玉[32]通过对健康人居环境进行系统的梳理论证,提出绿色设计是21世纪健康人居环境的重要设计理论,进而提出绿色设计是集生态设计、大地景观、整体和谐、集约高效为一体的综合整体网络体系,剖析了目前"绿色设计"中存在的困惑,并提出绿色设计的技术策略及设计原则。刘平、王如松和唐鸿寿[33]基于对国内外城市人居环境设计相关研究成果的梳理,结合生态工程与建筑设计、城市规划等有关的理念,系统地论述了人居环境生态设计各项内容。

在绿色设计理念中,环境属性被认为是产品"设计—生产—使用—报废"各个环节的重点关注对象。由于产品能否达到"绿色环保"的要求,在很大程度上取决于设计和开发时选择的材料,所以,在进行产品设计时,应确保工艺、结构、原材料等的选择,均与环保指标相符,从而尽可能地减少产品的能源消耗和对环境的危害。大量实践和研究表明,在整个生命周期中,产品对环境所产生的危害,在很大程度上源于废弃物污染[34]。在此背景下,人们对材料的可降解性提出了较高的要求。与此同时,在环保材料领域,从自然环境中取材且具有降解性的材料,逐渐发展为一支生力军。虽然受限于自身的特性,自然材料尚未得到广泛普及,但依托于日新月异的生态技术、迅速发展的加工工艺,人们开始越来越多、越来越广地在设计中使用自然材料,自然材料的推广应用已成为必然趋势。

现代主义建筑思想主张理性、强调功能、注重技术,也必然产生材料相同、空间一致、柱网均等的"盒子",人居环境趋同的弊端也日渐显露。随着环境意识、生存意识的增强,人类开始以新的视角对自然、人之间的关系进行思考,"人本精神"在人居环境设计中的重要性也逐渐显现。对现代主义建筑的批判导致了多元化思潮的涌现,人们把设计的视点转向地区文化、传统技术、场所精神,希望寻求适应新生活的空间秩序,并进行各种实验建筑的竞赛,一时之间,各种流派和思潮如雨后春笋般产生。若从众多流派所普遍存在的共性来看,可以发现其思想内核——人本意识,以及由此显现出来的广义后现代主义和广义晚期现代主义。后现代主义思潮以批判现代主义建筑为目标,它以人在行为、生理、心理等方面的诉求为关注对象,重点突出"多样化、感性化"的人文思想。而晚期现代主义以修正现代主义建筑为目标,将着眼点集中于时代精神、现代科技、潮流文化等领域,促进情感、技术的融合,力求实现新奇、精致的视觉体验。二者均试图从人的心理及生理角度研究不同人的行为方式与精神需求,在不同情况下的心理感受与生理反应,以及人与自然的关系等建立起人居环境设计的参考准则,即多元化思潮的深层结构:人-技术-自然的思维惯性,以及由此显现出来的分散化、人情化、个性化、多样化的"人性之居"。另外一方面,自然主义所推崇的是通过科学技术的应用,对生态系统的完整性加以维护,在自然、人之间建立良性互动关系,促进自然、人居环境的有机统一,达到人居环境、"自然设计"共生的目的。"生态化"体现可持续发展的核心理念,旨在以现有条件推动社会极大发展的同时,将能源消耗降到最低,一方面实现"天人合一",另一方面为生态系统的良性循环提供切实保障[34]。

秸秆为绿色可降解材料,秸秆造物契合了可持续设计的理念,可以成为绿色人居环境设计的重要发展方向。事实上,秸秆造物可以从深层生态学的层面展开分析,人居环境、自然环境是地球生物圈"的主要构成系统,且这两个系统的关系是相互影响、相互补充的。前者涵盖人类居住环境的方方面面,包括建筑、景观、城市、产品、服饰等。

秸秆材料生长于大自然,秸秆材料的纹理是不用雕饰的,能够给人一种天然、质朴的自然美感。再加上在人们的生活生产过程中,产生秸秆的植物扮演着十分重要的角色,所以能够给人带来温暖、亲切的心理感受。换言之,在工业化背景下,作为一类绿色天然材料的秸秆的使用,有利于温室效应、空气污染等环境问题的解决,从而满足人类回归自然的心理需求。因此,再生性材料的合理使用,能够增强设计的亲和力,提高自然环境、人居环境的和谐性。

一些企业已经在实践中尝试着使用秸秆材料进行产品设计。瑞典家具品牌Lammhults通过对植物纤维、树皮、木材等的碎屑进行加压、加热处理,开发了一种全新的板材,这种板材不仅能够重复利用,还达到了生物可分解材料的标准,该技术被命名为 Cellupress。该品牌运用这种技术,生产了一款色泽、纹路丰富多变,能够与多种室内设计风格搭配的一体成型的椅子,并将其命名为Imprint Shell 椅子,如图 1-3 所示。该公司的这一产品,以创新的材料为媒介,在现代加工技术与自然纤维肌理的碰撞中,从全新的角度诠释了座椅这一生活用具的形态。木材具有可分解性,

图 1-3 Imprint Shell 椅子

但其回收利用主要通过燃烧产生热能,或者提取造纸纤维,想使其再次成型并非易事。为解决这一问题,以环保产品的生产、设计为主营业务的 Lammhults,大

胆地在原材料中加入了废弃植物纤维，在展现材料独特美感的同时，满足了在环境保护方面的诉求。

除此以外，Johannes Foersom，Peter Hiort-Lorenzen 等两位丹麦设计师，通过 Cellupress 技术的应用，生产出能够替代塑料的木纤维材料，较高的回收再利用价值及现代感十足的造型设计，使这种材料迅速引起了设计界的重视。Imprint Shell 椅子的风靡，既肯定了环保物料的时尚感，又验证了"环保材料的使用，有助于降低家具生产的生态危害性"这一论断。

第 2 章　传统造物篇：秸秆造物及特性分析

秸秆资源的广泛应用是伴随着人类进入农耕社会发生的，大量的农业剩余物——秸秆并没有被随意丢弃，而是成为了重要的生产和生活物资，人们用勤劳和智慧为人类自身提供了丰富的秸秆利用场景。在探寻古代秸秆主要利用方式的同时，我们也打开了一幅生动的古代劳动人民生产生活的画卷。

2.1　秸秆的传统利用方式

古代社会对秸秆资源的利用方式包括直接利用、加工利用以及其他相关利用。其中，最常见的是将秸秆直接用作燃料、肥料和饲料。结合编织技术，秸秆是主要的编织、纺织原料。除此以外，秸秆还可以作为建筑材料、造纸材料、洗涤剂原料等。较少为人所知的是，秸秆还可以作为保温、防虫材料、洪水治理填料以及具有一定程度的医疗作用。

1. 直接利用

1）燃料

古人常常使用麦秆作为煮饭的燃料，在我国的《黄氏日抄》中就有用麦秆代替柴薪的记载，因为黍麦等秸秆的燃烧值不是很高，更常见的做法是，用秸秆作为引火和助燃的材料，将火种引向木柴，从而加快木柴点燃的速度。

2）饲料

在古代社会秸秆对农业的贡献主要用作饲料和肥料。秸秆作为饲料在农家是常见之事。豆科类秸秆由于营养较为丰富,并具有较好的口感,常被古人用来喂养马牛羊等家畜。随着古代畜牧业的发展,对饲料的需求也逐渐增大。根据不同的地域地貌特征,各地的畜牧业采取不同的畜养方式。比如北方草原地貌地带,多采用放牧式,其食物来源便是草原上的青草;在农耕相对发达的南方地区,牲畜的养殖方式通常是圈养,其饲料通常就是秸秆以及其他作物的混合物。古代战争中最为重要的就是保证粮草的充足,粮草指的就是士兵的粮食和马的饲料,这里的"草"也多指秸秆。

2. 加工利用

1)　肥料

肥料主要包括草木灰、绿肥、厩肥、堆沤肥四种。草木灰是农作物秸秆燃烧后留下的灰烬,不同作物的草木灰富含不同种类的微量元素,增产效果显著(图 2-1)。草木灰具有增产作用是因为其含有丰富的钾元素等,能够促进种子发芽、促进作物茎秆健

图 2-1　草木灰

壮,增强抗旱耐高温的能力。《农桑辑要》一书中明确记载了收割玉米后,将玉米秆烧成灰放在田间,第二年春天种植椹。这就是所谓的火耕,这种做法的好处:一方面用草木灰肥田,使庄稼长势更好;另一方面,草木灰具有杀虫功效,能够防止庄稼发生病虫害。

绿肥也是古人常用的一种肥料,即用植物的部分或者整体作为肥料。常用的植物是豆类的秸秆。利用方式有三种:第一种是直接将新鲜的秸秆掩埋在田土里;第二种是将秸秆割下来集中堆放,然后用淤泥将外部整个封闭起来,使秸秆在内部沤成肥料;第三种是将收割下来的秸秆放进专门的水池或者浅水塘里,通过沤制的方式发酵成肥料,施放到田里。绿肥多用在轮作种植中。因其富含氮、磷、钾等多种成分,能够增加土壤的营养,促进植物的生长,并且有利于土壤的有机物生成。《天工开物》中有记载水稻在收割籽实后,稻秸可以翻耕在田里,使其腐烂成为绿肥,从而产生更强的肥力。

将家畜粪便和秸秆等各类植物的枝叶混合堆积,从而使其发酵成肥,这种肥料叫作厩肥。这种肥料是古人使用的主要肥料,由于其肥力强,能够有效地提升种植物的产量,同时,能够改善土壤的结构。其制作之法在《齐民要术》中有详细的记载,秋收后的庄稼秸秆收储起来,每天放一些到牛圈里,铺在牛的脚下,让牛踩踏。第二天将这些被踩踏过的秸秆收集起来堆到院中,这些秸秆混入了牛的粪便。每天重复进行,能够得到许多肥料。到了夏月就可以施放到农田里。

还有一种制作肥料的方式,叫作堆沤肥。就是将秸秆及杂草等物和人畜粪便、泥土等混合堆积发酵,或者放入浅水池中进行发酵成肥的方法。《陈旉农书》中就对这种肥料制作方法有详细的记载。其中明确地指出堆沤肥是几种杂物堆积发酵制成的肥料,不但含有多种植物的枝叶,还有粮食糠秕以及生活垃圾等。

2) 编织原料

随着古代社会手工业的发展,农田里随处可见的秸秆也成为了重要的手工业原料,生产出了各种生产工具和生活用具。其中最典型的是编织工艺,编织而成的秸秆用具具有精美的纹理和天然的色泽,并且坚固耐用而美观。古代主要的秸秆编织用具包括斗笠、蓑衣、草鞋、草绳、垫子、席子、筐子、篮子等(图 2-2)。除了一些日常用具之外,礼器也成为比较独特的一个用途。秸服、筵席是祭祀礼

图 2-2　秸秆编织用品

仪中最常见的用具。《后汉书》中有记载："以木为重，高九尺，广容八历，里以苇席。"而"筵席"一词也演变为"宴席"，在当今社会仍然承载着充满仪式感的就餐场合之意。而"席地而坐"也作为一个成语传承下来，让我们有机会一窥古代人们的日常生活方式。

3）纺织原料

在农作物秸秆中可以用来纺织的主要是麻类，如图 2-3 所示，主要是利用麻纤维织布（图 2-4）。麻布是棉布普及前人们最主要的衣着原料。先秦时代，中原地区是大麻和苎麻的主要种植区。《诗经·陈风》中有记载："东门之池，可以沤麻。"

图 2-3　植物大麻

图 2-4　麻纤维织布

4）建筑材料

秸秆用作建筑材料，主要是用于屋顶和墙壁。最原始的建筑形式包括最简单的草棚子，使用树枝等木材制成草棚子的骨干以及柱状的支撑，再覆盖以层层秸秆，捆扎固定后即成为先民们用于遮风挡雨的草棚，这种房屋多为"半地穴式"草棚房。随着建筑技术的发展，泥草房因为具有更好的防火性和耐用性而成为主流。泥草房的墙体是采用秸秆混合胶泥做成土坯，屋顶采用秸秆铺排再压上碾子泥制成。古代贫民之家多数住此房，也常用作牲畜的圈舍。在长期的发展过程中，不同地域和文化也催生了不同形式的泥草房屋，它们各自具有独特的风格（图 2-5）。

傣族竹楼　　　　　　　黎族船形屋　　　　　　彝族民居

图 2-5　少数民族秸秆民居

5）造纸原料

西汉时期造纸术的主要产品是麻纸,到了东汉时期,宦官蔡伦尝试了多种材料进行造纸实验,最后,他使用树皮、麻纤维、破布等原料,并对以往的造纸工艺进行大量的改进,成功制造出了高质量的纸张,成为我国乃至世界史上的一项重大发明(图 2-6)。宋元时期,随着社会经济及手工业技术的发展,造纸原料开始使用竹子和稻麦秸等。由于中国古代稻产量位列世界之首,因此,稻草的产出量极高,获取十分容易。同时,和树皮、麻和竹子等造纸原料相比,使用稻草造纸成本更低,工序更少,工艺更简单。但是稻麦秸的纤维比较短,制造出的纸张强度不高,好在成本便宜,多用作包装纸、卫生纸及烧纸。此外,造纸技术中的脱浆步骤中需要在有碱性物质的条件下进行,比如石灰水、草木灰水等。秸秆燃烧后的草木灰水的碱性更强,有利于提高纸浆的质量。

图 2-6　汉代造纸工艺流程图

6）洗涤剂原料

除了淘米水、皂角，草木灰也是古代常见的洗涤剂，并且因为其就地取材和成本低廉的特点而最为普及。草木灰中含有丰富的碳酸钾和碳酸钠，这两种物质属于碱性，和酸性的油脂会发生化学反应，因此能够去除油垢。《礼记》中记载："冠带垢，和灰请漱；衣裳垢，和灰请浣。"这里的"灰"就是草木灰。

3. 其他利用方式

1）保鲜、保温、干燥防虫材料

古代的保鲜技术主要利用了隔空和冷藏原理，由于秸秆质地柔软，具有较强的吸水性能，因此，常常被古人用作包裹材料，以保持物品的干燥，使其不易于变质。在酿造酒和酱料的过程中，温度是一个重要的因素，其中秸秆可以作为保温材料（图 2-7）。在天气寒冷的时候，对农作物可采用秸秆进行覆盖保温。另外，因为秸秆的吸湿作用，可以有效吸收空气中的水分，同时保持良好的通风透气性能，能够有效防虫害，也可以成为贮藏粮食、养蚕的重要干燥剂。

图 2-7　中国传统的酿酒蒸馏器

2）发酵辅料

大酱是朝鲜族人民生活中必不可少的食品，稻草在其酿制有着重要的作用。制作大酱的工序较为复杂，其中最重要的一个环节是发酵。将处理过的黄豆捣碎，捏成豆饼的形状，用稻草制成的草绳将其捆扎悬挂风干，或者将豆饼置于纸箱内，以一层稻草一层豆饼的方式放置进行发酵（图 2-8）。据称，稻草中的一种菌有利于豆饼的发酵，酿造出了朝鲜族独特的大酱风味[35]。

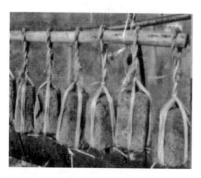

图 2-8　朝鲜族大酱酿制中的稻草

图 2-9　中国古代埽工水利

3）洪水治理填料

古代的水利事业与百姓的耕种息息相关，是关系到江山社稷的大事。而治理水患最重要的在于治河物料。我国古代常常采用树枝、秫秸等植物卷扎着石块作为修筑护河堤的材料，称为"埽"（图 2-9），它是中国特有的护岸和堵口的水工构件，它具有柔软、富有弹性的特点，和坚硬的石块相比，能够较好地消解水流的冲击力量，达到有效降低水流速度的功效，阻止水土流失。但用秸秆制埽也有其局限性，其沉陷量比较大，易腐朽，使用时间一般不超过两年。

4）医用材料

对于秸秆和燃烧秸秆产生的草木灰的医用价值，史料有丰富的记载。总体来说，秸秆与草木灰具有利尿止渴的功效，医学上常用来治疗恶疮、止血止痛、驱虫等，也具有美容保健的功效。

黄麻和赤小豆一起煮水服用能够利尿，这是《本草纲目》中的记载。关于秸秆止渴的功效，《苏沈良方》中有用糯稻秆的中心段放在净器中烧作灰，煮汤喝下能够消炎止渴的记载。草木灰具有较好的消炎作用，因此，古人常用来治疗恶疮，往往能获得较好的疗效。这个功效在《本草纲目》中有记载。秸秆在治疗跌打损伤方面也有一定的功效。《神农本草经集注》中记载，麻根捣汁服用能够治疗难产及由于难产引起的大出血。此外，根据《名医类案》的案例记载，草木灰还能有效止血。草木灰的吸湿、防潮作用，在驱虫、解毒方面也有独特功效。草木灰自身有着天然的独特气味，是许多小昆虫不喜欢的味道。有虫子入耳时，"香油稻秆灰汁，灌耳，可出"。关于秸秆的解毒功效，《圣济总录纂要》记载得非常详细：用羊血和鸡血混合稻秆灰，加冷水服下"毒即下"。这里说的

"毒"，指的是砒霜之毒。

秸秆的美容保健作用主要体现在对面部黑斑黑痣的疗效。在《本草纲目》中，有这样的记载："荞麦秸烧灰淋汁，取碱熬干，同锻石等分，蜜收。能……去靥痣，最良。"这就是荞麦秸烧灰祛痣的方法。

2.2 秸秆的传统造物类型

农耕文化起源有男耕女织之说，在原始时代，人类主要以采集天然材料作为食物和生活材料。其中，直线形植物由于其具有较强的韧性，而被人类作为制作各类用具的材料。人们采用扭、编等手法，将它们做成用具。考古资料显示，人类在原始社会就能够利用天然植物编织生活用具。

周代开始，农耕文化发展加快，由此大量的秸秆制品开始出现。汉代，经济的繁荣又促使农耕文化进一步发展，秸秆制品的发展也进入到新的阶段，这主要体现在两个方面：一是编织物品的种类急剧增加，从之前的草鞋、箩筐等生活必需品，发展到提高生活舒适度的物品，如草帘、蒲团等；二是做工更加细致，不但提升使用的舒适度，还能带给人们美的享受。唐朝时期的草编制品已经走出了日用品的范围，拓展到更多的领域中。唐朝著名的草编制品有麦秆扇、草席等，甚至还有使用蒲草制作的船帆。到了宋朝，政府十分重视草编工艺，成立了专门的管理机构，用于指导和管理国家的草编工作。

编织，又称作编结，是将麦秸或者柔韧性较高的植物枝叶经过一定的手工技巧加工成各类用品。这些用品有的是生活用具，有的是用于装饰。在加工的过程中，制作者根据审美理念，对作品进行外部形态结构的安排，使其具备较好的实用性或者较高的美感。根据冯盈之和余赠振[36]对"草编"的定义，使用席草、麦草、苇草、茅草、蒲草、玉米皮为原料的编织工艺为狭义的草编，而广义的草编还包括使用棕条、藤条、柳条、竹篾为原料的编织。本书中所涉及的草编主要是狭义上的概念，但也包含部分以藤条、柳条、竹篾编织的器具。

在各类草编制品中，使用最多的材料为麦秸、玉米皮和蒲草（图2-10）。在草编作品中，蕴含着高度的审美理念，体现了广大劳动人民的智慧，是我国民间艺术宝贵的财富。[37]

作为一种广为流行的民间传统手工艺，编织者大多数为专业的民间手工艺

图 2-10　编织工艺

人,但也有少量为非专业工艺者。在原料上,呈现出明显的地域性特点,即制作者都是选择当地盛产的天然植物,原材料容易获取,降低了产品的成本。在编织工艺上,有的是直接使用植物的天然形态和颜色,也有的根据物品的外形需要,对原材料进行染色及印刷纹样等处理,然后进行编织加工,获得更好的装饰效果。

传统的草编制品生产工序都由手工完成,主要包含以下七个环节:

第一步,选料。有很多原材料可供草编产品使用,但制作者要根据编织物品的特点选择材料,主要关注材料的质地、颜色以及柔韧性等。

第二步,上色。根据物品的预先设计,在材料表面进行染色处理。例如用手工涂抹颜料,然后放置在阳光下晾晒的方式。

第三步,浸泡。为了便于编织,就要提升材料的柔软度,通过采取将上述晒干的材料浸泡在水中的方式进行处理。不同品种的材料,浸泡的时间也有较大的差异。

第四步,编织。编织者要根据设计好的形状和尺寸进行编织。在编织工序中,往往会给编织者提供样品模具,保障产品的规范性。

第五步,熏蒸。将编织好的半成品放置在熏蒸室,设定好熏蒸时间。

第六步,晾晒。将熏蒸处理过的产品放置在阳光下晾晒,一是可去除里面的水分,二是具有定形的作用。

第七步,刷漆。在晾晒干的产品表面涂刷清漆,一是能够固定色彩,保持鲜艳,二是能够增加产品表面的亮度[38]。

编织工艺品包括实用型和欣赏型两大类。此处，本书从秸秆材料在古代社会中与人们的衣、食、用、住四个方面联系的角度，分析其传统造物的方式。

1. 秸秆与"衣"文化

1) 蓑衣、斗笠

人类从原始时期就开始利用天然植物不同部分的结构进行生活用品的制作。在我国的《易经》中就记载了手工业者用韧性较好的植物的皮编织成网状物，然后将石块放入其中，抛击野兽以获取猎物的故事。此外，我国也发现不少考古文献中，记载了古人用草、藤等物制作"裙片"，即御寒的衣服。《诗·小雅·无羊》中"何蓑何笠"提到了用草编织的衣帽。蓑衣作为民间的防雨雪的工具已有悠久的历史，是现代雨衣、雨伞等防雨用具的前身。

斗笠   蓑衣

图 2-11 斗笠与蓑衣

(图 2-11)蓑衣的编织材料通常是匹棕树棕皮，但在朝鲜族，编制蓑衣的材料通常是稻草[35]。

进入周代，我国农耕文化得到进一步的发展，体系也初具雏形。草编工艺作为农耕文化的一个重要内容，也进入了快速发展的时期。东周时期是我国土地制度改革的一个重要时期，井田制的出现，打破了土地私有制度，由此促进了生产力的发展，农耕文化呈现出一片繁荣的景象。草编种类更加多样化，作品的使用范围得到了进一步的拓展，人们生活中一个重要的用具——斗笠出现了。其编制材料就是苎麻和蒲草。斗笠与蓑衣在多雨的江南非常常见，很多描写烟雨江南的优美诗词中都出现了它们的身影，例如，"青箬笠，绿蓑衣，斜风细雨不须归"，因此，在某种程度上，蓑衣与斗笠已经成为了一种田园牧歌的优美意境中的文化符号。

2) 草帽

草帽历史悠久，春秋战国时期，已经有用苎麻和蒲草等编制的草斗笠（草帽)。通常,草帽使用的编织材料多为麦秸、水草、竹篾等(图 2-12)。为了更好地遮挡烈日、雨雪或者野外蚊虫,人们将草帽的帽檐制作得很宽大。草帽取材多样,工艺精巧,造型美观,具有很高的审美价值。麦秸、麦草等材料容易获取,而且成本很低,但在经过编织加工后,却能够带来较好的经济效益,因此,草编工艺能够长久流传,并且随着社会的发展而得到进一步的发展。

图 2-12　秸秆编织草帽

著名的北宋古画《清明上河图》也佐证了这一点:画中的人物大多头戴草帽,表明草帽在当时使用普遍。如果说在明朝之前,草编作为一种民间古老工艺还没有风格上的明显变化,在明后期出现的宫廷风格的草编制品打破了这种局面,草编制品风格被分成了宫廷和民间两种,并一直延续到清朝。当时的草帽采用麦秆编织成辫子的形状,在实用功能上增添了审美的情趣,受到了人们的广泛喜爱并流传到西方国家。

3)　草鞋

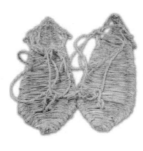

图 2-13　秸秆编织草鞋

草鞋是与秸秆有关的衣文化中最重要、最典型的物品(图 2-13)。根据史料的记载,我国在有文字记载的时期草鞋就出现了,是我国古代劳动人民的一项重要发明。在人类的历史长河中，鞋由最初的毛皮树叶包裹脚而发展到草编麻织成鞋，它最早的名字叫"扉"，相传为黄帝的臣子不则所发明。在夏朝开始出现草鞋，在东周时期成为贵族的用品。随着经济的发展，在东汉草鞋进入民间，成为大众生活用品。草鞋成了社会阶层身份的象征，代表着普通百姓。传统草鞋编织是早期妇女人人皆会的手艺，是乡土文化中所孕育而生的编织生活工艺。

4）篮包

作为服饰配件，篮包类也属于"衣"文化的范畴。篮包编织采用不同质地的材料，加上不同的编织方法，能够形成不同风格的篮包物品。篮包类物品的风格发展也经过了诸多的变化，在当代，随着人们对自然朴素理念的追求，篮包的设计理念也逐渐体现出自然和谐的价值观。如采用原色的玉米皮、秸秆等材料做成的草编包，带给人们自然、洁净的审美情趣（图 2-14）。因此，这种富含古朴美的物品获得当下人们的青睐。

图 2-14　草编手提包

5）麻布及其制品

除了编织，在服装面料方面，纺织工艺对古代"衣"文化的影响更大。前文提及，麻类秸秆可作为纺织原料，由此生产的麻布曾经是古代人们的主要服装布料。麻布具有透气清爽、耐磨耐用、抑菌抗腐等特点，并且价格便宜，非常适合广大劳动人民（图 2-15）。直至今日，虽然服装面料已经非常丰富，在炎热的夏季，人们还是愿意选择这种凉爽材质制成的服装，充分体现了麻布在"衣"文化方面的优越性。

图 2-15　麻布及制品

2. 秸秆与"食"文化

民以食为天,农耕文明产生了很多与食物有关的器具。人们用稻草、麦秆等容易获取的材料编制各种筐、盒、箱、篮、篓、筛、盖等,用来贮藏、晾晒、搬运、包装食品,不仅美观、整齐、实用,而且具有柔韧通透性,存放食物既不易破损,还可保鲜。在与秸秆有关的食具方面,我们可以将其分为炊具类、食品加工类、容器类。

1) 炊具类

在炊具方面,秸秆材料可以制成箸笼、锅盖等。用秸秆制成的锅盖常用于蒸馒头、做饭。秸秆盖子吃水,蒸馒头开锅以后有水蒸气,秸秆可以吸附水分,避免水蒸气滴落至馒头上,因此用秸秆盖子比用铝盖子、不锈钢盖子更环保实用(图 2-16)。

图 2-16　草编锅盖

笼屉是用来蒸制食物的器具,多由竹片制成(图 2-17)。笼屉的模块化设计是一大特点,利用上下叠放的方式,可以大大扩展蒸煮食物的空间,提高了生产效率。

笼屉

笼屉垫子

图 2-17　笼屉和笼屉垫子

2）食品加工类

笊篱是用来分离不同大小的颗粒物的用具（图 2-18）。在农业生产中，收割后的农作物果实经常会混入杂质，使用筛子可将杂质分离，或者按照颗粒大小区分谷物。笊篱通常是扁平圆形，周围微微上翘以阻止颗粒在筛动过程中从边缘掉落。笊篱的网眼尺寸有大有小，用于不同尺寸的颗粒分离。与笊篱类似，匾也呈扁平圆形，但没有镂空的网眼，主要用于晾晒食材，也有用于养蚕的（图2-19）。

图 2-18　笊篱

图 2-19　竹匾

3）容器类

容器类的秸秆食具是指主要用来盛放食物的用具，虽然也可以起到一定的搬运作用，但主要还是在饮食过程中使用到的器具，包括篮、筐等。篮子通常设置有提手，方便手提，其形状也偏向圆形和椭圆；而筐子一般没有提手并呈现方正的形状，并且可以配有盖子（图 2-20）。由于篮筐能够盛物但不能够盛水,篮筐能够沥水,这类物品还经常被用于洗菜、洗米,是人们日常生活中必不可少的用具。

洗菜篮

手提篮

带盖竹筐

图 2-20　编织篮筐

4）茶具类

在与秸秆有关的食具中,有一个类别较为特别,因为它是专为品茶而生的一个器物类型,即茶具。这里所称的茶具并非狭义上的茶杯和茶壶,而是广义上的与饮茶有关的所有用具。众所周知,茶杯与茶壶的质地主要为陶瓷,现代的茶杯茶壶也有用玻璃材料制成的,似乎难以与秸秆编制品相联系。实际上,茶道中涉及相当数量的竹编、草编制品,例如"茶道六君子"(茶则、茶针、茶漏、茶夹、茶匙、茶筒)中的茶则、茶漏、茶桶基本上须采用编织工艺制作,而其他几件也是用竹子制成(图 2-21)。因此,君子"可使食无肉,不可居无竹"。

除此之外,相关秸秆饮食器具还有草编锅垫、盖菜竹罩等。

3. 秸秆与"用"文化

日常生活中常见的物品统称生活用品,是人类"用"文化重要的承载物件。在秸秆制品中主要是以麦秸、玉米皮、稻草等为主要原料生产出的具有晾晒、储藏、覆盖、隔热、运输等用途的用具,如篓、筐、盒、盘、箱、茶垫、坐垫、箸笼、饭包、笊篱、菜筛、锅盖、扇子、花盆套、纸篓、信插、茶杯套、草玩具等。由于本书已经将与饮食相关的用品和室内家居用品两类单独列出,因此,此处的"用"文化含义较为狭小,仅包含在生产过程中使用的器具。

1）草绳

在农耕社会里,草绳的用途极为重要,使用范围也很广,可以说,人们的生产

茶滤　　　　　　　　茶筒　　　　　　　　盖托

茶篓　　　　　　　　茶饼盒　　　　　　　茶则

茶具收纳盒　　　　　　茶席　　　　　　　　杯垫

图 2-21　茶具(图片来源：竹乡万坊)

和生活都离不开草绳(图 2-22)。草绳是包装、储藏、搬运的辅助用具，采用草绳对物品进行捆绑加固，使之能够顺利地进行运送。同时，牵拉东西也需要草绳。但草绳存在着强度不足的缺陷，因此，随着更多新型材料的出现，草绳逐渐退出了人们的生活，取而代之的是麻绳、尼龙绳等。但草绳的象征意义与影响仍然存在于人们的日常生活、民俗礼仪和思想观念中。

图 2-22　稻草编织绳子

　　结绳记事是文字发明之前的一种记事方法。据《九家易》记载，"古者无文字，其为约誓之事，事大大其绳，事小小其绳，结之多少随物众寡，各执以相考，亦足以相治也"。除了记事用途，绳子还构成了史前重要的装饰，即绳纹图案（图2-23）。这是将绳子缠绕至棍子上，在陶土坯上拍打形成的一种几何图案。在龙山和良渚文化中的陶器中就已经发现了这种纹饰。

草绳在一些民俗文化中有着重要的象征意义，例如，绳结有吉祥之意，"同心结"代表了"永结同心"之意，象征幸福美满的婚姻；朝鲜族在家门口

图2-23 绳纹陶器

悬挂禁绳表示家中有孕妇即将生产[35]；中国的"守岁绳"和日本"注连绳"有类似的功能，均被认为具有驱邪之意，悬挂可保家宅平安[39]。

2）草苫

苫是茅草编织而成的覆盖物或者垫子。草苫呈毯状，由于秸秆具有很好的保温效果，经常被用于覆盖农田或捆裹树木进行保温防冻（图2-24），帮助植物抵御低温天气。此外，草苫还可以在雨雪天气中铺设于路面，起到防滑的作用。

图2-24 草苫

3）搬运用具

箩筐和扁担是古代社会中人们用于搬运物品的用具（图2-25）。相比于篮包，箩筐可以搬运更多的东西，而且两个箩筐与一条扁担搭配，不仅可以平衡两端的重量，而且可以将搬运的东西增加一倍。而相比于车马，箩筐和扁担较为便捷灵活。因此，在古代农耕文明中，它们的使用非常频繁。

图 2-25 箩筐和扁担

背篓是设置有肩带的篓子,用双肩肩背的方式来运输物品(图 2-26)。这种器具的好处是,双手得到解放,在搬运物品的同时,还可以用双手来干其他事情,比如在爬山过程中双手可以用于攀爬。此外,用双肩来分担重量,也使得人体的负担更加平衡,在负重行走时通常可以更好地保存体力。背架的功能与背篓类似,但一般是采用木质材料制作架子,将需要搬运的物品用绳子绑扎在上面(图 2-27)。朝鲜族的背架使用秸秆编织背部的缓冲部分和肩带[35]。

图 2-26 背篓

图 2-27 背架

4) 贮存用具

谷仓是古代用于贮存粮食的地方,按照其尺寸来看也可算作小型建筑(图 2-28)。谷仓的壁身通常由竹篾编制而成,为了防雨,可能配置有茅草屋顶。从其造型来看,谷仓实际上借鉴了传统茅草房的特征,是缩小版的传统建筑。谷仓承载着农民们丰收的果实,是最实际的用具。

图 2-28　谷仓

　　竹壶是小型的贮存器具，是由稻草或竹条编织而成的窄口容器，通常用于存放花椒、大料等物料（图 2-29）。不同于谷物，这些烹饪辅料通常需要上山采集，因此需要便携设备来装载。同时由于其体积较小，广口容器容易洒出，因此，这种器具才会有如此造型，充分体现了古人的智慧和对功能与使用的思考。其他的贮藏用具还有竹缸、麻袋、草袋等。

图 2-29　竹壶

5）渔具

　　鱼篓一般是由竹篾编制，开口小于底部的一种用于盛放鱼的容器（图 2-30）。在捕鱼过程中，鱼篓一般被放置在水中，固定于船边或岸边，这样可以延长鱼的存活时间，保持新鲜度。捕鱼结束后，渔民可将其挎在腰间，便于搬运。为了方便携带，鱼篓的下部通常为扁平的形状。

图 2-30　鱼篓

6）饲养用具

在农耕社会，除了种植谷物，农民还需要养殖一些家畜，例如牛、狗、鸡、鸭等。饲养家畜时，很多方面需要用到秸秆，例如牛棚、狗窝、鸡笼等（图 2-31）。在一些地区的传统养殖中，还会给家畜更加细致的照顾，例如牛鞋、牛背刷等，均由稻草编织而成[35]。

图 2-31　竹篾鸡笼

4. 秸秆与"住"文化

生存的需求是秸秆制品出现的根本原因，即生存需求促进了草编制品的诞生。因此，实用性是草编制品的首要功能。这充分体现在秸秆造物的种类上，主要为生活用品，之后，逐渐扩展到家居装饰方面。这些物品的存在方便了人们的生活，提升了生活的舒适度。反之，这些物品以其自然的风格设计，体现出人和自然的和谐之态，表达了人们对于生活的理解和憧憬。常用的实用型秸秆家具主要有以下几类。

1）家具类

家具是供人们休息时使用的家居用品，常见的如沙发、桌、椅、席、坐垫等（图 2-32、图 2-33）。这些用品从外表上看，造型简单，多为方正形态。制作工艺一般是先按照设计尺寸做好木框架，然后用草编材料进行外表的编织。也有部分家具内部采用的是铁艺材料。这类家庭用品使用频率高，在家庭用品中占据着重要的地位，具有轻便、易清洁的优点，同时，还能够营造自然、朴素的家庭审美氛围，带给人清凉感，深受热带地区人们的喜爱，成为当地家庭普遍使用的生活用具。

图 2-32　藤编单人沙发

图 2-33　藤编婴儿摇篮

　　在坐具普及之前，人们通常是"席地而坐"，因此，席也是重要的家具之一（图2-34）。席对中华文明的影响很大，在汉语中至今仍有不少与"席"有关的词语，例如，出席、列席、筵席、席位、主席等。在较高的家具出现以后，席因为凉爽透气的特性仍然受到人们的喜爱，在夏天铺设于床榻之上。按照材质，席大致可分为草编和竹编两种，草编席使用的是蔺草、蒲草、马兰草等。日本也是深受草席文化影响的国家，和式风格的房间内地面通常都铺设有榻榻米。榻榻米一般是以稻草、无纺布或木质纤维板为芯，表面包裹草席的一种建筑材料（图2-35）。榻榻米硬度适中、冬暖夏凉，非常适合室内使用，有利于人们的身体健康。此外，与凉席、榻榻米相匹配的坐具还有蒲团、靠背椅等（图2-36、图2-37）。

图2-34　草席

图2-35　榻榻米

图2-36　蒲团

图2-37　榻榻米靠背椅

2）收纳类

　　供人们收纳物品的器具，常见的如柜、架、果篮、箩筐、纸篓等（图2-38）。其中，草编收纳盒非常实用（图2-39）。由于秸秆有很强的吸水特性，因此草编收纳篮筐可以起到很好的防潮干燥作用。并且，草编纹理充满了自然之感，与纺织品非常匹配。因此，直至今日，草编收纳篮筐仍然受到人们的欢迎，是家居生活中非常实用的器具。

图 2-38 藤编置物架　　　　图 2-39 草编收纳篮筐

3）其他

利用秸秆或藤、竹编织而成的生活用品种类非常丰富，除了家具、收纳相关用品外，还包括帘子、垫子、扇子、簸箕、扫帚、灯罩等（图 2-40—图 2-44），涉及日常生活的方方面面。

麦秸扇　　　　　　　　棕叶蒲扇

图 2-40 秸秆编织扇子（资料来源：竹乡万坊）

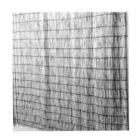

图 2-41 草帘　　　　　图 2-42 草垫

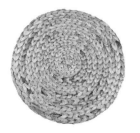

图 2-43 簸箕　　　　　图 2-44 灯罩

除了这些以实用为主的用品,利用秸秆编织还可以创造出一些优美工艺品或玩具,用来装饰、美化家居环境。草编玩具的主要功能是娱乐,其中蕴含着较深的文化内涵。物品的题材多为人们生活当中常见的事物,如虫鸟、花卉等,民间娱乐气息非常浓厚。同时,这些物品经过制作者的艺术再加工,展示出制作者自身的审美趣味(图 2-45)。

图 2-45　秸秆玩具

4)　建筑

古代与秸秆有关的"住"文化中最重要的应该是民居建筑。编筑是使用编织技术建造房屋的一项工艺,其起源时间可以追溯到旧石器时代。最著名的例子就是我国古代神话传说中的巢氏,他教会人们用树枝加上藤蔓植物进行编筑,从而建起了最原始的房屋。后来逐渐演变成为栏杆式建筑,这类形态的建筑存在于我国的西南地区,目前还有相当数量的存在[38]。这种方式建筑的房屋,以泥土拌和草料制作成围墙,以草藤编结房屋的内部结构,尽管外表非常简陋,但有诸多的优点,如取材容易、建造成本低等。

随着时代的发展,衍生出各种基于秸秆材料的建筑形态。秸秆富含韧性纤维,其含硅的蜡质细胞膜也具有一定的防水性,除了常被古人作为泥土中的添加材料使用外,本身也可以单独使用。古人常将秸秆材料作为墙体维护材料或屋顶、地面材料,也将秸秆材料与其他材料不同比例混合来增加材料的特性,从而演化出世界各地形式多样、各具特色的建筑形式。

农耕文化中最具代表性的秸秆建筑是茅草屋及"茅茨土阶"的住居形式[40]。茅草屋是使用茅草或农作物秸秆、芦苇秆等搭建的简易谷仓、农仓,或是精心建造的住宅,而"茅茨土阶"的住居形式是在木结构和瓦片诞生之前在夯土形成的高台上利用茅草堆砌成屋顶的建筑形式。人们本着就地取材的原则,用当地盛产且容易获取的植物进行房屋的建造。茅草屋的屋顶一般由不同种类的秸秆捆扎后层层排列制成，既保温隔热又能防水，保证了房屋基本的庇护性和保温性。其中尤以日本的"草庵风"和室和"榻榻米"最为典型。通过运用秸秆等材料，使房屋兼具实用和审美功能，带给人独特的自然野趣感(图 2-46)。

图 2-46　茅草屋和日本草庵风和室

在寒冷、自然灾害频发和贫瘠的地区，人们充分利用秸秆的保温性能，例如北美印第安人就将其围护在墙体的外部，或者填充在墙体的内部以提升墙体的保温性能，从而起到抵御严寒的作用(图 2-47)。

图 2-47　北美印第安人帐篷

古代秸秆建筑能够保存下来的非常有限，至今仍然留存有较多数量的是我国山东海草屋和日本合掌屋。

(1)山东海草屋。我国辽阔的疆土和深厚的历史底蕴也造就了各种风格迥异的乡村建筑群落,最知名的如北方的四合院、陕西的窑洞、福建的土楼等。建筑的形式由当地的环境及地域文化决定,由此造就了建筑形式的巨大差异性。在利用秸秆材料方面,不得不提的是威海海草屋。在历史上,我国山东沿海地区农村中,海草屋是常见的民居形式,其数量多、分布广,但目前只有不多的遗存。保存相对完整的是被誉为"中国历史文化名村"的楮岛村(图 2-48)。楮岛村位于山东荣成南部,居民 140 多户,建筑面积 9 000 多平方米;其中,海草屋约 630间,七成为百年前建造的。楮岛村四周环境优美,约有 7.5 千米海岸线,沙质细腻,色泽泛白,是一处广受游客喜爱的天然海水浴场。[41, 42]

图 2-48　山东海草屋

海草屋的建造完全是就地取材:产自本地的花岗岩砌成地基和墙体,产于附近海域褐色的海草覆盖屋顶。这是海草屋最主要的两种建造材料。除此之外,麦秸也是其中重要的建造材料,在覆盖屋顶时,为了增加海草的强度,每苫一层海草要加一层麦秸。从外观上看,麦秸被较长的海草全部遮盖,只能看到海草的肌理。此外,海草房还使用附近自然资源作为材料,比如使用贝草作为海草苫顶的筋骨,使用笆条作为海草的基础。白色花岗岩墙体透着微红,海草屋屋顶呈现出灰褐色,二者形成一种鲜明的对比,营造出质朴的自然之美。花岗岩不易风化,墙壁非常牢固,海草能够防火、防霉,并且有较长的使用寿命。

目前,遗存的海草屋大多数都超过了一百年,最长的达到 300 多年,充分表明海草屋坚固耐用。屋顶最厚处达 1 米左右,隔热保温效果良好;屋顶采用两头高中间低的马鞍流线型或大陡坡的造型,有利于排泄雨水,有效防止海草受潮。墙体使用的花岗岩厚度达 40～50 厘米,能够起到很好的隔热作用,因此海草屋保温性能良好,冬暖夏凉,并且经济节能。屋顶还具有一个特色,即两端部位海草厚度高于中间部位,且向两侧墙面做切角处理,加之柔和起伏的马鞍形轮廓线,给人以厚重朴实的感觉,有着童话般的梦幻造型。海草屋的独立建筑布局呈现多样化的局面,既有三合院、四合院,也有一正一厢等形式,户与户之间呈纵向或横向排列,横向排列的房屋高度一致,且与山体相接,使整个村落布局井然有序,体现了良好的邻里关系。

海草屋的屋顶寿命大约二十年,因此需要定期更换。但由于海洋环境遭到污染,海草生长环境被破坏,产量逐年减少,造成海草价格居高不下。另外,海草屋苫顶对匠人的技术要求非常高,工序相当复杂,掌握这门技艺的工匠越来越少。受到成本和技术原因限制,因此很多居民已放弃翻修海草屋,或者在建新房时都放弃了海草屋形式,转而建造现代化的砖瓦房。这对于传统民居的保护是非常不利的。海草屋的核心价值体现在建材和外观审美特性上。主材海草和花岗岩与当地的自然生态有较好的适宜性,此外,经过工艺加工产生的外观审美特性也是其他地域民居所不能替代的。这些区别于其他文化的元素应该得到有效保护。

（2）日本合掌屋。日本合掌屋是一种颇具特色的茅草屋顶建筑,也是日本的传统建筑形式之一。日本是一个岛国,国土面积不大,大部分地区都临海,但岐阜是一个内陆县,处于本岛的中部地区。根据 2005 年的统计数据,该县约有 211 万名居民。合掌村是该县西北部山区的一个小村庄,村庄尽管小且偏僻,但在日本乃至世界上却是一个著名的村落,原因是该村完整地保存着日本传统建筑技术和聚落文化风格,被联合国教科文组织指定为世界文化遗产。目前,白川乡内共有 5 座合掌村落,荻町是其中最著名的一个,拥有 114 栋"合掌屋"。[43, 44]

所谓"合掌",就是两面屋面形成锐角的屋顶,外形看起来就像两个合龙的手掌。这种建筑形式出现在四个世纪前,体现了当地特殊的居住环境特点——山谷环境。该建筑的屋顶为正三角形,每个角为 60°。和其他形式的建筑相比,这样的设计增加了屋面的面积,能够最大限度地遮蔽阳光和寒风,同时保持屋内通风性极好。通常的民居建筑,两面屋面的角度多为钝角或直角,而合掌屋屋顶为锐角,这是为了便于冬天积雪的滑落,避免屋顶承载过重;同时,更大的屋面面积能够承载更重的分量,减轻对墙体的压力。屋顶的覆盖材料为当地盛产的干草,而且,所有的建筑都为南北朝向,和山脉走向保持垂直,不但能够获得充足的光照,还能对山谷里的寒风起到阻挡作用,从而达到房屋内部冬暖夏凉的效果(图 2-49)。

图 2-49　日本合掌屋

1935 年,德国建筑学者布鲁诺·陶德对日本传统建筑展开了实地的走访调查,从而发现了合掌屋,并称其"极端合理"。他高度评价了这种古建筑形式,从而将其推到世人的面前,这就是合掌屋之所以如此著名的原因。合掌建筑不用任何钢筋水泥,仅凭绳子绑扎或采用较有黏性的木头结合房屋架构,能够建成相当于四五层的高度,非常不可思议。其内部构造也是完全满足当地居民的生产生活需要。当时丝绸是居民主要的经济来源,合掌式的屋顶提供了很大的空间存放丝绸,合掌屋的两层和三层可以用于养蚕。将蚕的排泄物与干草以及尿液混合,置于屋内地下空间,经过一段时间能够产生用于制作火药的原料,这是当地村民的副业。当地冬季漫长且寒冷,但合掌屋内部巧妙的结构设计能较好地抵御严寒:在楼下烧火炭时,热气能够从木板空隙传递到楼上,流通到整个房子,使屋内所有的空间都很温暖。

关于合掌屋不得不说的是除了其巧妙的结构,以及满足生产生活的功能设置外,还有其独特的茅草屋顶。茅草屋顶的使用寿命为三十多年。由于屋顶面积太大,更换茅草就成了一项浩大的工程。据了解,全村每年有两至三户需要更换屋顶。每次需要 200 人劳动 2 天。因此，在更换屋顶之日，几乎全村总动员，这已经成为当地一项不成文的制度，也是一种劳动交换制度。村里一旦有家庭需要进行较为重大的劳动活动，村里的其他村民就会前来帮忙，这种互相帮助的风俗，能够让当地村民更好地战胜恶劣的自然环境，共同改善生存条件。正是由于这种习惯，村民之间的关系也非常亲密。更换屋顶草垫的过程是这样的：帮忙的村民天不亮就会起床，早饭后，到主人家里，所有的人自动分为几个小组，各小组负责不同的工作，专门负责上屋的几个人踩着竹梯爬到屋顶上，铲除已经腐朽的茅草，然后把它们从屋顶推滚下去，下面有专门的人负责清理滚落下的茅草。还有一部分人专门负责捆绑新草，另外一部分人则负责将这些捆好的一个个草束传递给房顶上的人，由他们将其平铺在屋面上，然后用准备好的麻绳绑牢固定，新的屋顶就做好了。那些换下来的旧的草束则被烧掉，草木灰运到田里作为肥料(图 2-50)。

图 2-50　更换合掌屋面茅草

　　由于白川乡合掌屋保存非常完好，并且数量比较多，形成了一定的规模，成为了当地有特色的景观。当某个现象成为一种景观时，自然会吸引游客前来观光旅游。日本合掌屋因为学者布鲁诺·陶德的推荐而享誉世界，吸引许多游客前来，同时前来的游客又把关于合掌屋的历史与人文带回各地，并且作进一步的口碑传播。旅游经济不仅让合掌屋得到更好的传播，旅游的收入也为合掌屋的修缮提供了资金支持，从而让合掌屋能够更长久地存于世。

　　介绍海草屋和合掌屋的案例，对于秸秆再利用的意义，不是倡导使用秸秆材料铺设屋顶，让人们生活在茅草屋中，而是通过对合掌屋、海草屋的宣传、保护、修缮、研究,让越来越多的人们了解到这种传统的建筑形式,以及其代表的文化和生活方式,在回忆过去的同时,传承这种与自然共生、集体共存的文化精髓。在保护方面,我国的海草屋与日本的合掌屋相比,缺乏知名度,重视不足导致了保护的不足,因此不能与保护平衡发展。这需要加强宣传,学界加强研究,并且可适当开发为旅游资源,活跃当地经济,从而更好地修缮和保护海草屋。同时,旅游线路作为一种媒介,本身就能够向受众传达海草屋的生态思想,让旅客在亲身体验中加强环境保护的理念。

2.3 秸秆的特性分析

秸秆本身具有一些优良的特性,在古代和现代社会均极具利用价值。首先,秸秆是天然的高分子材料,本身具有与外界气体交换的能力。其次,秸秆中的能源来自太阳能、水及矿物质,由于其成分的天然性,因此可以降解。最后,从物理属性来看,有些种类的秸秆为空心管状,质量很轻并且不易扯断,表面覆盖着略有差异的灰黄色;从化学属性来看,秸秆表面附着的蜡质富含木质素及硅元素,由于该蜡质层的保护,使得它能够长久保持原来的形态[45]。为了更好地利用秸秆资源,首先必须了解秸秆的各方面特性。以下从秸秆的生物特性、物理化学特性、美学特性和感知特性四个方面进行论述。

1. 生物特性

1) 可再生性

秸秆的主要来源是农作物的产物,只要每年种植农作物,那么秸秆资源就会源源不断,故有周期性和可再生性。

2) 低污染性

秸秆中硫元素和氮元素的含量相对来说较低,因此,在对其进行降解处理时,产生的硫化物、氮化物的废气较少;再者,秸秆在使用中所产生的二氧化碳排放到空气中,与农作物进行光合作用所吸入的二氧化碳量维持了生物圈中的碳平衡,因此可以这样说,其二氧化碳的产出量为零,对于目前追求绿色生活的我们来说具有重要的意义。

3）密度低，占地面积大

秸秆的生长密度不高，因此对其的收集比较耗费人力和体力，即使收集完后，由于本身的形状，使秸秆达不到 $300\,kg/m^3$，从效益上讲，倘若要获得较高的收益，其密度应当维持在 $399\sim599\,kg/m^3$，甚至是更大。因此，倘若有企业使用秸秆作为生产资源，为了保障其利润，企业必须具有一定的储存量和储存空间。

4）集中性低、即地保存性差

由于秸秆通常收集完并没有明确的放置场所，通常会被采集人员置于空闲的农地或者门前，未进行集中处理，因此对其进行完整的收集也有难度。并且由于采集完后并未进行脱水处理，秸秆里水分含量偏高，在湿热的环境中长期堆放容易发霉腐烂，因此应当对其做好防潮、防霉处理。

5）季节性强

农作物，通常在春、冬进行播种，在夏季和秋季对秸秆进行采集和整理，因此季节性强，倘若未在该时间段收集，则到了播种季节，秸秆残留于田间或者随意堆放无人处理，有可能会造成道路堵塞，甚至由于秸秆本体腐烂而引发水污染。

2. 物理化学特性

就化学属性论，由于表面附着的蜡质物质主要成分为硅石、木质素，因含有大量的硅，故秸秆不易腐烂；就物理属性论，空心管状的结构、较强的韧性、较轻的质量、富于变化的颜色，赋予秸秆独特的美感。此外，受各方面因素如储藏方式、产地、种类等的影响，秸秆的性质不是固定不变的[15]。

1）承载力

数据显示，在墙体工作面荷载为 $1\,000\,kg/m^2$ 的情况下，秸秆砖完全能够承受。因此，从物理承载力上看，若预应力处理措施过关，完全可以在建筑领域引入并应用秸秆砖。

2）韧性

研究表明，当外界向秸秆砖施加静荷载时，秸秆砖可能会出现变形，当荷载被卸载后，其形状会很快复原，这说明秸秆砖具有非常出色的韧性，如果在建筑中应用，能够很好地抵抗飓风、周期性疲劳破坏、冲击荷载、震动等作用。

3）隔音性

将以秸秆为原料生产的板材作为隔墙，不仅能够达到较好的隔音效果，还能大幅减弱声波的传递。相比于传统的黏土砖，秸秆砖具有更低的密度，所以能够更好地吸收声音。

4）隔热性

较小的质量、空心的结构，提高了秸秆的热阻值，故将秸秆砖用于建筑，既能保温，又能隔热。

我国现行节能建筑材料标准显示：能耗在每年每平方米 15 kWh 以下，以秸秆为原材料的建筑完全符合这一标准。以厚度为 200 mm 的秸秆板材为例，它的保温系数是厚度为 370 mm 的黏土板材的 4 倍。秸秆材料之所以被大面积地作为建筑的填充物、保温层、隔热层，正是得益于其良好的隔热性能与较低的成本。

5）防潮性

相比于其他材料，秸秆的吸湿能力较强，为了增强秸秆砖的硬度，应确保秸秆的含水量在 15% 以下，同时，应在秸秆砖建筑中预留防水层，或在内表面预留隔离层，更好地隔离水蒸气，使外表面的水蒸气顺利排出，以免因潮气滞留使秸秆砖受潮。

6）防火性

秸秆是易燃物，但调查发现，对其进行高密度压实处理后，将秸秆砖的室外、室内面层分别用石灰、泥土封合，能够达到 F90 级别的抗燃效果，其防火性可见一斑。

7）防虫防鼠性

在对秸秆板材进行多道加工处理后，其密度能够达到 90 kg/m^3，加之内外抹灰层的防护，能够有效降低建筑内鼠害、虫害的发生率。通过观察早期的秸秆建筑不难发现，虽然历经数十年的风雨洗礼，但建筑中几乎没有白蚁、寄生虫、鼠类等的存在，究其原因，就在于秸秆板材出色的结构可靠性。

从性质上看，秸秆材料完全符合工业原料的基本要求。不可否认的是，相比于木材，秸秆也有诸多不足之处，比如说纤维长度和宽度较短，糖分、苯醇提取物等的含量较高,等等,但借助复合材料生产工艺等先进技术,上述问题均可得到有效解决。

3. 美学特征

1) 秸秆资源与环境美学

使用再生资源秸秆进行造物活动,在宏观层面上维护了良好的生态环境。因此,秸秆造物具有美化环境的特征。美学的研究主体是审美活动,因此环境美学的研究主体是环境审美活动。当代环境美学的兴起,既源于对环境危机的反思,也源于美学学科自身的发展。Hepburn[46]发表的《当代美学及对自然美的忽视》一文中,阐述了对过去美学讨论主要集中于艺术品审美的现象抨击,认为美学研究没有给予自然美学应有的重视。美学家卡尔松在其著作《自然与景观》中表示,环境美学起源于围绕自然美学的一场理论争论,他认为,在着重自然环境的开放性与重要性的基础上,认同自然的审美体验在情感与认知层面上含义都非常丰富,可以与艺术相媲美。除此之外,在一批学者不断的倡议之下,在二十世纪七十和八十年代组织的美学会议上已经明确提出了"环境美学"的概念。

近半个世纪以来,环境美学与生态美学有着千丝万缕的联系。环境美学与生态美学之间的关系纷繁复杂,主要可以归纳为五种立场:

(1) 环境美学与生态美学具有不同的开端,二者属于并行发展的状态,不存在交叉关系。

(2) 二者存在从属关系,生态美学属于环境美学的范畴。

(3) 二者是相同的事物。

(4) 环境美学促进了生态美学的发展。

(5) 兼具生态美学和传统美学的特点,以环境美学为参照标准建立和发展。

尽管这五种观点都被不少学者所拥趸,但近年来,越来越多的学者认可第五种观点,从而使之成为该研究的主流观点。长期以来,以黑格尔为代表的传统美学奉行的是"艺术哲学",即只有艺术品才能成为审美对象。但上述的第五种观点认为环境美学探讨的着眼点是"审美对象",其并不是艺术品,而属于环境内容。因此,这种观点是对"艺术哲学"的颠覆,同时,也是理论上的超越;而生态美学史就"审美方式"这个角度立论的,其根基是人的生态生存和生态思维,核心问题是如何在生态意识引领下进行审美活动,形成一种"生态审美方式",其对立面是传统的"非生态审美",而非"艺术审美"。

从对象和范围来看,"环境"包括自然环境、人工环境和文化环境,因此,环境美学包括自然美学、景观美学、文化美学和艺术美学。进一步将研究对象聚焦,材料是物料实体,属于环境的一部分,自然和人工制造两种情况同时存在,均服务于人类社会。同时,由于人类的造物活动和文化实践,某种材料也被赋予某些特殊的文化含义,并且成为人类精神生活中的景观,例如竹子在中国传统文化中所代表的文人气质。由此可见,材料美学与环境美学、自然美学、景观美学、文化美学和艺术美学有着千丝万缕的联系。

2) 秸秆的生态美

秸秆作为一种自然材料,直接或者间接成为人造物原材料,其美学特性是从生态美学的角度加以讨论的。首先,秸秆材料赋予人居环境设计生态伦理继承、代谢之美。随着人们生活质量的提高,产品更新换代越来越快,对原材料需求巨大,而目前全世界范围内的自然资源危机让人们不得不开始对新材料进行探索。秸秆材料作为一种几乎取之不尽的生物资源,成本低廉,符合现代商品化原则,其"资源-产品-再生循环"的生命周期特点也非常符合生态设计。并且,使用秸秆制作的手工产品在人类社会中占据了很长一段时间,在某些文化中更是一个时代的记忆,具有历史传承性。其次,秸秆材料的无污染性让人居环境设计具有生态伦理的自由之美。在秸秆产品的整个生命周期中都杜绝了对环境的负担和危害,因此,人们在使用过程中能够更加自如,没有后顾之忧,是对子孙后代的负责之举。再次,秸秆材料的使用让人居环境设计更具质感和生态美感,对工业材质环境是一种自然补充。由于人类与自然界的生物同源性,人们对自然的向往和欣赏几乎是一种本能。秸秆材料的天然色泽、肌理更加柔和,具有天然美感,是工业材料所不能比拟的。

3) 秸秆的材质美

产品或作品是否具备较高的审美价值,带给人心理上的愉悦感,材料有着重要的影响。材料不仅决定着产品的造型,还直接影响着创作者的设计理念,同时,也影响着观赏者对于作品的理解。简单地说,材料美学就是对材料的审美功能展开研究的一门学科。材料的美学价值包括两个部分:第一部分是材料自身所具备的美学价值,第二部分是人类对材料进行加工的过程中所产生的审美效应。基于此,可以看出,材料的美学价值是一个动态的标准,并非恒定不变。因此,材料美学的研究对象是"材料的美",研究内容既包括分析材料的审美特性及创造美的规律,还包括产生材料美的加工和使用方法。在具体形式上,该门学科就是对材料的质感进行设计。每一种材料都有着不同的组织结构,如反映在材料表面的纹理形式,这种纹理带给人的心理感觉就是材料的质感,如软硬、色彩、质地等,由此产生独特的美感。每一种材料都有其自身的质感,材料的质感能够使观赏者通过视觉和触觉产生不同的心理感受,带给人不同的审美体验。同一种材料,由于加工方式不同,会呈现出不同的质感,由此带给人不同的视觉感受。质感与造型和色彩构成了造型设计的三要素。

材料表面的排列和组织构造方式形成的效果叫作肌理,人们面对或者触摸某种肌理产生的心理感受叫作质感。材料的美主要来自自身的肌理,优美的肌理纹样产生出肌理美,从而奠定材质美的基础,这就是材料的艺术美。在研究领域,通常将肌理分为两类:一类是视觉肌理。每种材料表面都有着自身独特的图案和纹样及表现形式,这些因素组合在一起,就形成该材料的独特的视觉美感。其灵感来源于自然界某种物象特征,在遵循形式美的原则下灵活地运用重复、渐变、分割等手法,产生三维的空间关系。另一类是触觉肌理。人们采用触摸材料表面的方式获得心理体验,如材料是否光滑,是否柔软,是否沉重等。

材料的肌理除了天然形成的纹样,通过对材料进行加工处理,表面还可以生成新的肌理纹样,产生新的肌理效果。肌理美对于材质美的重要性不言而喻,人们欣赏材质时,只能欣赏或者触摸到材料的表面,因此,材料表面的肌理决定着材料的质感。由于具备了优美的肌理纹样,材质的形态不但变得丰富多彩,还形成了流动的美感,带给人们审美享受。设计师在进行设计时,主要依照材料的肌理效果展开主题和造型的构思,从而表达自己的设计理念。只有把握好材料的肌理特点,充分发挥材质的质感美,才能产生出成功的设计。

秸秆的材质美感主要体现在两个方面。一方面,秸秆材料具有自然美感。秸秆本身的色彩属于农作物成熟后的麦芽黄,在阳光下更呈现金黄色泽,并且植物根茎的纹理提醒着人们所处的自然环境,使人联想到丰收和大地的馈赠,有一种亲近自然的感觉。另一方面,秸秆材料具有科技美感。工艺是挖掘和创造材质美的重要手段,材料的加工能够使材质美得到进一步升华。目前的秸秆成型技术主要有挤压成型、平压成型、模压成型,经过成型技术加工过的秸秆板材形成了各自独特的,不同于秸秆自身的纹理效果,且能够按照需求进行相应的表面处理,控制其粗糙程度和光泽度。这种来自于技术革新的秩序感具有独特的美感。

4) 秸秆的色彩美

色彩心理的研究显示,色彩在被人感知时会引起联想而影响感知。比如,色彩具有冷暖感,人们见到红色、橙色等色彩后,便会联想到太阳、火焰等物像并产生温暖、热烈、危险等感觉;见到蓝色、绿色等色彩后,便会联想到天空、冰雪、海洋等物像并产生寒冷、平静的感觉。色彩具有轻重感和软硬感,明度高的色彩使人联想到蓝天、白云、棉花等并产生轻柔、漂浮、上升、柔软等感觉;而明度低的色彩易使人联想到钢铁、石头等并产生沉重、稳定、降落、坚硬等感觉。色彩还具有前后感和大小感,这是由于不同波长的色彩在人眼内视网膜上的成像有前后,红、橙等光波长的色彩在后面成像,感觉会比较近,蓝、紫等光波短的色彩则在外侧成像,在同样距离内感觉就比较远。正是由于色彩的这种前后感,也导致暖色、高明度的色彩和冷色、低明度的色彩带给人们相反的视觉感受。因此,深色显瘦在服装搭配领域被奉为经典原则之一。在人们长期的进化进程和社会发展过程中,以及不同的文化渲染下,对不同颜色产生了不同的色彩情感。不同明度的色彩能让人产生不同的视觉感受,从而引发心理体验。如,红色引起人兴奋、激动,黄色给人欢快和辉煌感,蓝色让人联想到恐惧、痛苦与毁灭等。

秸秆材料的色彩美体现在两个层面,一个是以原生形态存在的秸秆,包括保留原生形态的秸秆制品,另一个是经过技术处理后的秸秆材料,主要是各种秸秆板材。其中,秸秆染色制品这里不作讨论。原生秸秆材料的色彩保留了秸秆原本不同深浅的黄色,是农作物成熟后的天然色泽,让人直接联想到成熟、丰收、大地、耕种、乡村、自然、生态等印象。同时,若秸秆材料直接暴露在外,也有粗糙、原始的感觉,这种感觉需要结合产品特性增强或者削弱。淡黄色给人轻便的感觉,深黄色则给人坚固耐用的感觉。另一个层面是技术处理后的人造秸秆板材,它拥有了另外一种压制成型的纹理,其粗糙度和纹理密度会因为不同的技术细节而不同,其颜色也不尽相同。就总体而言,人造秸秆板材的色彩属于暖色调,给人比较轻便、柔软的感觉,深色秸秆具有后退和收缩感,而浅色秸秆具有前进和膨胀感。秸秆天然的色彩比较质朴、随意、洒脱，给人素雅、沉静的感觉。在应用秸秆材料到人居环境中时，包括日用品、工艺装饰品及建筑材料，需要结合具体的应用场景突出秸秆的特点，规避不合适的特性，适当结合其他材料，应用"对比、平衡、节奏、调和"原理，在色彩方面符合形式美法则。

5）秸秆的文化美

在很多文化中，自然生物被赋予了很多象征意义，成为独特的文化符号。例如，梅、兰、竹、菊在中国古典文化中代表文人不同的气质。其中，作为广义的秸秆，秸秆造物中的很大一部分原料来自于竹。中国自古以来都有着发达的竹文化，食竹、用竹、赏竹、咏竹均有非常悠久的历史，古诗词中包含竹这种符号形式和竹的审美价值的诗词多达 250 多首[47]，例如《游万岭箐》《苦笋赋》《葛氏竹林留别》《万松岭》《蜀南竹海》《竹海仙寓》等。"可使食无肉，不可居无竹"是对竹的最高评价。此外，竹还与很多民间习俗有关，例如除夕祭竹、摇竹娘、元宵节挂竹灯笼、猜竹灯谜等。

在长期的社会文化中，秸秆也形成了独特的乡村文化，比如其原生态的材质结合广大劳动人民的智慧制作的各种秸秆制品体现了一种乡村文化的缩影，勾起人们对过去时代的回忆。由于秸秆与稻作生产密切相关，因此，秸秆文化也是稻作生产的文化。李海英[35]对朝鲜族稻草文化的研究显示，稻草文化深刻影响着朝鲜民族的风俗文化和民间信仰，在人们的人生礼仪、岁时风俗、家神信仰中，随处可见稻草文化的影子。朝鲜族人民的普遍共同审美偏好也深受影响，包括建筑、舞蹈、音乐和服饰等。最重要的是，发达的稻草文化造就了朝鲜民族的性格，这种性格是在农闲时期强化的共同体意识、手工编织技术强化的美的意识和物质循环利用强化的环保意识。虽然这仅仅是针对朝鲜族稻作文化的研究，但其中体现的秸秆的文化美在其他地域也同样适用。

4. 感知特征

研究产品的感知特征，我们可以用"语义学"的方法加以研究。"语义"，即语言的含义、意义；语义学（Semantics）即以语言的意义为主要研究对象的学科，这一语言学名词，在产品设计领域得到了延伸和拓展，并与符号学相关理论相结合，衍生出"产品语义学"。虽然符号学的分支比较多，产品语义学以符号学、语言学为出发点，以"能指-所指"的理论为基础来探讨产品设计。1983 年，Klaus Krippendorf 和 R. Butter 首次对"产品语义学"的含义进行全面解析：对在特定情境下，人造物形态的象征意义进行分析，并在设计中进行应用。此后，Krippendorf 更加深刻地诠释了"产品语义学"的概念，除物理属性外，产品还需具备象征意义，在向用户传递使用、操作方法等工艺的同时，营造与使用者生活贴近的象征氛围，这种对旧事物的反思，即所谓的产品语义学（Product Semantics）。

随着计算机技术等科技的进步与普及，在产品设计领域，为实现功能而提出的形式上的要求逐渐减少，如此一来，产品的功能和形式，也就是内外部极易出现脱节，"形式服从于功能"的设计理念在实践中的作用日益弱化。此外，就功能而言，"形式服从于功能"的理念以产品为重心，但在社会思潮、技术的演变、发展过程中，"用户"逐步取代"产品"，成为产品设计偏重的主体。此时，形式也被赋予了功能的特性而不再限于"功能的载体"，通过形式，用户可以直观地了解产品的功能及使用、操作方法。作为一个新兴名词，产品语义学的意义主要体现在下述三个方面：

（1）不同于许多设计理论的是，产品语义学在设计理论向实践的转化过程中，发挥着至关重要的推动作用。

（2）依托于其理性思维方式建立的规范化、系统化的体系，从理论层面为设计活动的可控制性、可学习性等提供了有力的支撑。

（3）对于形式的认知，从开始的"服务于功能"，发展到"功能的表达"，使形式具有更多的意义和表述能力，突破了传统意义上形式的束缚，为设计提供了更多的可能。

产品语义学的研究方法是通过语义差分法来探测人们的感知、情感和行为意向。语义差分法（Semantic Differential，SD）是一种被设计用于测量事物、事件和概念的内在含义的评级量表，由 Osgood 最早提出[48-50]。语义差分法采用语义差分量表进行问卷调查。语义是被测试对象对特定概念、单词的含义的理解，进行集中测量的方法，以这些概念、单词为中心，建立多个双向形容词量表，让被测试的对象按照自身的理解，在表上指出概念、词的位置。心理学、社会学等学科，都在对事物、环境认知的分析，以及个体及群体、文化的比较研究中，引入并应用语义差分量表。标准而言，该表的基础为形容词的正反意义，由诸多形容词及其反义词构成，且每对互为反义的形容词存在 7～11 个代表不同反应强度的区间，通过选出一对互为反义的形容词，能够体现出被测试对象对人、事物、观念的认知。这是一种自我报告式的测量方式。语义差分法能够在心理控制的范围内，用来测量观点、态度和价值。

根据笔者的一项研究，对包含麦秸板、稻秸板和榻榻米板材在内的 12 种常用的建筑板材进行了语义分析，结果显示，受测者更偏爱他们认为更精致的、独特的以及优越的人造板样本，其中"精致"和"优越"的意思还包括"安全""光滑"与"华丽"；受测者理解的"经典"更多的是与"自然"和"厚重"的感觉相关联；相比其他人造板，受测者更加喜欢秸秆人造板，认为秸秆人造板更加精致、独特及优越；受欢迎的样本一般具有天然的纹理，包括材料本身的纹理、压制后形成的纹理、使用编织等技术实现的纹理、技术处理最终呈现的颗粒状纹理等；将定义的语义属性进行降维处理可提取两个因子，两个维度可被定义为"精致-粗陋""轻盈-厚重"；麦秸板外观上与欧松板接近，因此在语义空间的坐标位置上也彼此靠近，但却比欧松板更加精致，更加受欢迎；榻榻米面板由于会让人误以为是草席而被认为重量很轻，并且被认为非常朴实，也更加自然和安全，更加受欢迎；稻秸板被认为比较厚重，并且非常精致，非常受欢迎；男女受测者之间的差异较小，女性对于麦秸板的接受程度要好于男性。根据这些感知分析结果，设计师可以更好地利用秸秆的感知属性，在产品语义设计的层面上，完善秸秆相关产品的设计理念，为秸秆造物作出贡献。

此外，我们还应当关注社会文化语境在秸秆的感知特性中的影响。从使用者的角度看，理解社会文化语境有利于产品情感的建立，通过文化、情感氛围的营造，在设计者、接受者之间搭建交互的桥梁，使使用者更好地接收设计符号的内涵；从设计师的角度看，作为符号创新、创造不可或缺的灵感来源、背景材料，文化语境在内外两个方面，从风格、气质、意义等维度，影响着产品符号设计的实践，体现着人们的设计理念。因此，设计师要想保持创新、创造的活力与能力，推动当代产品符号设计的多元化发展，对产品符号赖以存在的共时性、历时性语境关系进行全面、系统解读。

第3章 现代设计篇：秸秆创新设计及案例剖析

目前，现代农业正在逐渐取代传统农业，农村的饲料、肥料、能源应用状况都出现了很大的改观，传统的秸秆资源使用模式也必然出现相应的调整。相关的研究主要集中在如何将秸秆转化为能源或其他产业的辅助用料，以及相关政策和保障体系等方面，与过去的低效、自发的利用方式相比有着更加系统化和产业化的趋势。本章将从秸秆资源在现代社会的能源化、产业化、系统化和艺术化利用方面分别展开论述。

3.1 秸秆的能源化

1. 秸秆的"五料化"利用

目前，秸秆资源利用形成了包括燃料、肥料、饲料、工业原料和基料等"五料化"格局(图 3-1)。除了"五料"的技术研发，保障秸秆资源综合利用决策支持和保障体系，还要求进行秸秆资源量估算、秸秆资源可收集利用量估算、秸秆资源适应性评价、秸秆资源技术经济指标定量测定，秸秆资源综合利用与低碳经济和循环农业、秸秆资源综合利用对生态环境的影响等方面的研究。

1) 秸秆能源化利用

从图 3-1 秸秆资源"五料"综合利用方式中可以看出，秸秆用作燃料、肥料、饲料、基料是延续古代的秸秆利用方式，但因为农业、畜牧业的规模和性质的改变，秸秆的利用技术都发生了很大的变化。比如秸秆作为燃料，不再是直接作为农民灶头的柴火或引火材料，相对传统的秸秆直接燃烧，利用现代技术进行的秸

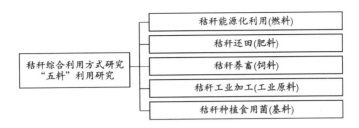

图 3-1　秸秆资源"五料"综合利用方式

秆资源能源化开发利用,具体可归结为"四化一电",包括秸秆固化(秸秆固体成型燃料生产)、广义秸秆气化(包括秸秆热解气化和秸秆生物气化)、秸秆炭化、秸秆液化以及秸秆发电,如图 3-2 所示。

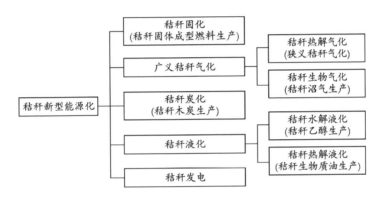

图 3-2　秸秆新型能源化利用

2）秸秆还田

秸秆还田主要有两种方式：第一种,直接还田。这种还田方式又包含着广义和狭义两类,广义指的是农作物除去果籽的剩下部分全部进行还田,包括地上和地下部分。而狭义通常指的是可收集利用的作物部分进行还田。第二种,间接还田,就是对秸秆进行制肥处理后再还田的方式,如图 3-3 所示。

3）秸秆饲料加工

由于转化率很低,秸秆在不经过任何处理的情况下直接喂养家畜价值不高。因此,要对秸秆进行加工,才能提高饲喂价值,以满足现代畜牧业养殖的需要[51]。当下,秸秆氨化、秸秆生物草粉饲料加工、秸秆压块压饼等加工方法能够较好地提升秸秆饲料的饲养价值[52],如图 3-4 所示。

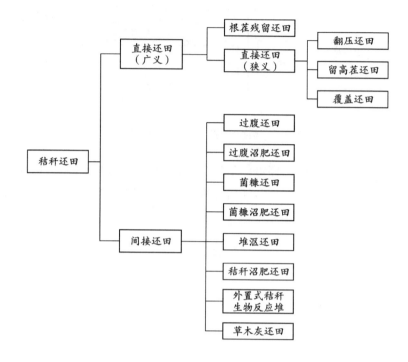

图 3-3　秸秆肥料还田技术

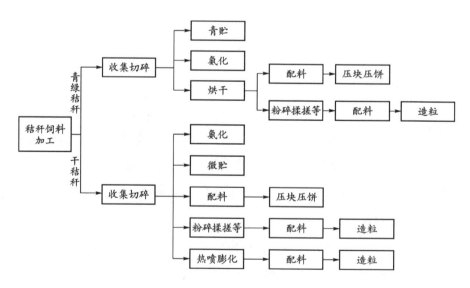

图 3-4　秸秆饲料加工过程

4）秸秆工业加工

当下，秸秆工业加工有着非常广泛的用途，主要有秸秆造纸、秸秆板材加工、秸秆编织等（图 3-5）。秸秆造纸技术古已有之，现代社会中秸秆造纸技术所面临的问题主要有以下几点：第一，纸品质量的好坏受到秸秆原料质量的影响很大，目前还没有找到解决方法；第二，秸秆制浆工艺还不成熟；第三，还没有研发出秸秆无污染造纸技术。

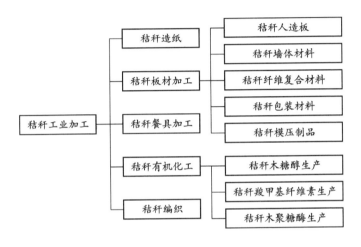

图 3-5　秸秆工业加工技术

5）秸秆基料

利用作物秸秆、皮壳等材料生产食用菌，有三个方面的好处：

第一，补充食用菌生产原料，解决原料不足的问题；

第二，为种植户带来更好的经济收益；

第三，让农业废弃物得到进一步的利用。

研究显示，采用玉米秸秆进行双孢蘑菇的种植栽培，能够提升三到四成的生产效率，每公顷栽培面积纯收益超过二十万元，在带来良好经济效益的同时，还具有很高的生态效益[53]。我国在食用菌秸秆栽培技术方面进行了大量的研究，攻克了栽培过程中的诸多问题，取得了领先世界的技术水平。以菌糠为例，菌糠具有良好的通气、蓄水能力，能够有效改善土壤肥力，减少有害物在农产品中的残留量。在对菌糠的化学成分进行分析时发现，菌丝对秸秆的作用影响表现在两方面：一方面是促进秸秆内部木质素和纤维素的降解速度；另一方面是提升秸秆产生的子实体的价值。在这样的条件下，剩余的菌糠则进入综合利用的产业链，秸秆在这样多次、多级的利用模式中进行降解转化，经济效益得到显著的提升[54]。

2. 秸秆的"新五料化"利用

随着科学技术的发展，在尖端科技领域，科学家们不断探索着秸秆新的利用方式，目前已经形成了"新五料化"的利用趋势，包括新型科技能源材料石墨烯、新型 3D 打印材料、新型医药化工材料、新型可降解材料和新型健康食品包装材料。

1）新型能源材料石墨烯

石墨烯是新型科技能源材料，其硬度是钢材的 200 倍，导电性能非常好，其厚度是一根头发丝的十万分之一。安德烈·海姆和康斯坦丁·诺沃肖洛夫是英国曼彻斯特大学的教授，经过长期的实验研究，2004 年，两人终于攻克了从石墨薄片中剥离石墨烯的技术。这一重要的发明成果，使他们获得了 2010 年诺贝尔物理学奖。此后，石墨烯获取技术得到了快速的推广运用，该物质被广泛运用在电子信息、材料学、航空航天等多个领域。我国石墨烯领域研发起步较晚，但发展较快。我国科学家研究发现，可以从玉米秆、稻谷壳等可再生资源中制备大尺寸石墨烯纳米片。具体方法为：采用玉米秆、稻谷壳等可再生资源制备活性炭，并将其在高纯氩气保护下制备的石墨微晶作为石墨烯新型碳源，经水热及微波工艺制备石墨烯。经检验，此种方法可成功制备缺陷较低的大尺寸石墨烯纳米片，为基于可再生资源的低成本高质量石墨烯的制备开辟了新的途径[55]。数据显示，五吨玉米芯可以生产一吨石墨烯，价值 200 万元，具有非凡的经济价值。

2）3D 打印材料

采用粉末状金属活塑料等可黏合材料，根据数字模型文件的具体描述，然后进行逐层打印，从而建构起所需的物体，这种 3D 打印技术是当下最先进的一种快速成型技术。3D 打印材料中的塑料材料主要是 PS 塑料和尼龙，这两种材料容易变形并且价格昂贵。针对这种现状，有学者指出可以从木粉、竹粉、玉米棒粉及稻壳秸秆粉与塑料按比例混合制备，这是一种可降解的生物基 3D 打印材料,具有柔软、有弹性、耐热等特点。这种生物质纤维复合材料根据主要材料的不同可分为木塑、竹塑、稻壳塑、秸秆塑及石塑五种类型。相比传统的 3D 打印材料,除了上述物理及化学性能上的优势,它的外观也更为出众。秸秆 3D 打印材料具有一种天然的草木色泽和纹理,并且带有秸秆的清香,具有一种木质感,还可以根据需求添加不同的颜料,使秸秆 3D 打印材料展现出不同的色彩。因为秸秆的低廉成本,秸秆 3D 打印材料的成本大约为其他材料的一半,具有很强的市场竞争力。

3）新型医药化工材料

微晶纤维素是一种纯化的、部分解聚的纤维素,由多孔微粒组成的结晶粉末。它的颜色为白色,无臭、无味,因为不具纤维性而流动性极强。其面积大、聚合度低的特点被人们有效地利用,目前,医药、食品、化妆品等多个领域中都活跃着微晶纤维素的身影。根据测算,世界上每年有几千亿吨生物质残渣被遗弃,这些残渣当中蕴含着大量的纤维素,若能对其进行加工处理将具有广阔的前景。目前,已经可以从玉米秸秆中提取制备微晶纤维素,为微晶纤维素的广泛提取奠定了基础。[56-58]

4）新型可降解材料

以乳酸为主要原料,通过聚合处理而得到的聚合物叫作聚乳酸,是聚酯的一种。聚乳酸不但自身在废弃之后能够被生物降解,而且生产过程中也没有污染物生成。采用聚乳酸生成的产品属于绿色环保产品,能够实现生态循环。鉴于此,人们将其作为当下最佳的绿色高分子材料,应用在注塑、拉膜等多个领域当中。并且由于可溶性特性,聚乳酸作为心脏支架比传统的技术支架更具优势,随着动脉的自然运动而扩张和收缩,并且不会像金属支架那样留下"金属蜘蛛"。聚乳酸的原料就是玉米等壳类作物,这类材料里面富含淀粉,研究人员在进行提取之后,将其制成葡萄糖后再进行后续的提取步骤。

5）新型健康食品包装材料

将秸秆与其他材料混合经过某些特殊反应,能够制成不同的复合材料。秸秆等作物富含天然植物纤维,对人体和环境没有任何毒副作用,卫生而且安全,因此,常被人们用来制作一次性餐饮容器。这种餐具具有多项优点,不但强度高于其他传统材料制成的一次性餐具,而且能够耐高温、耐酸碱,并且有成本较低的优势。当下，人们在聚乙烯中加入玉米淀粉后进行加工处理，制造出玉米塑料，作为食品包装袋。这种包装袋无毒无污染，而且具有很高的水溶性，因此，能够很快被降解。研究人员还研制出油菜塑料技术，该技术从油菜的生长时期就开始了实施过程。其原理为：采用能产生塑料的基因，对油菜的生长进行干预，使其体内产生塑料性聚合物液，对该液体进行提取加工而得到油菜塑料。这种塑料由于绿色环保，并能够自动降解，因此，主要被用于食品类包装材料的制作。此外，小麦塑料制作技术也相当成熟，将甘油、甘醇聚硅油等物质加入到小麦面粉中，然后进行热压处理，获得了可塑性塑料薄膜，即小麦塑料。用其包装食品，能够达到环保的目的。

3.2　秸秆的产业化

现代材料学的介入改变了秸秆的固有属性和状态，使其更加适合现代设计要求。很早以前，秸秆材料就受到世界上许多国家的关注，并展开了相关研究，发明了很多符合现代化批量生产需求的新型秸秆材料。秸秆含有丰富的粗纤维，这种特性使其具备极强的可塑性。人们采用各类现代技术，对秸秆进行碾磨处理，然后和树脂进行混合并进行高压处理成型，制成秸秆新型材料。从加工工艺上看，其可以分为两种方法，一种是制作秸秆板材。采用人造板制造技术将秸秆和其他一些原料加工成平板，这种加工方法环保且产品性能优越。另一种是根据设计需要确定材料造型，然后使用造型模具将秸秆挤压成型，这种加工方法保持了秸秆的天然质感，同时，达到了造型丰富的效果。

1. 秸秆材料类型

目前，秸秆材料有三大类型：一是秸秆墙体材料，二是秸秆人造板，三是秸秆复合材料。

1）秸秆墙体材料

在二十世纪二十年代时，瑞士、法国和英国就已经出现商品秸秆护墙板。这些护墙板没有添加胶黏剂，利用秸秆加压后自身木质素的黏合作用，由金属丝捆绑加压形成。这些加工后的护墙板表层覆盖着一层纸张，其主要作用是隔热或者隔断，加工技术稍显简单，热处理不足，没有加入胶黏剂，结构强度较低。轻质墙板没有具体的体积限制，通常比常用板材尺寸稍大，外表形状更接近体块。尽管这两种板材具有良好的隔热性能，但由于没有加入胶黏剂，因此，不但强度较低，还容易吸水，导致膨胀变形。基于此，人们基本放弃了这种加工方法，展开了秸秆材料其他加工方法的研究。

2）秸秆人造板

将麦秸和稻草按照一定的比例进行加工，制成秸秆人造板。其加工工艺为木质刨花板和中密度纤维板的生产工艺，采用挤压、平压、模压等成型工艺并添加胶黏剂制造而成的人造板材。秸秆人造板的性能低于木质刨花板，但要好于中密度板，使用领域基本相近。根据处理工艺的不同，秸秆人造板可以分为两类：一类是纤维板，另一类是刨花板。刨花板具有较高的强度，原因是自身的纤维比较长，这种材料常常应用在建筑上。秸秆人造板比秸秆墙体板有较大不同，不但加工工艺先进，工序复杂，并且在原料以及加工工具等方面都有较高的要求。材料质地均匀，更加接近木材，性能和强度都有着极大的提高。

二十世纪初，北美人民就会使用秸秆，他们将秸秆进行加工改造，做成人造板材；这在北美历史上是非常有名的。二十世纪初，美国路易斯安那地区采取蔗渣制造板子[59]；第一次世界大战后，西欧人采用秸秆制造板子；二十世纪中期，比利时人民利用亚麻屑（pouce）生产出了碎料板（chipboard）[60]；近年，北美人民采用生物质材料建筑房屋，木质结构建筑更是超过了 9/10。这都说明了秸秆建材的使用非常广泛[61]。

二十世纪晚期，秸秆板制造业在欧美国家迎来了繁盛期，不仅技术装备、生产工艺大幅改进，更是形成了一体化生产模式，通过这种生产方式可以生产多种多样的秸秆。经过多年的发展，欧美的秸秆制造业也有了质的飞跃。到目前为止，据不完全统计，欧美有二十几个国家拥有采用秸秆生产人造板的技术，在这之中，拥有厂家数量最多的还是美国和加拿大。数据显示，目前的美国全年的麦秸板产量已有 1 500 万立方米[62]。

3）秸秆复合材料

二十世纪中后期，西方发达国家加大了秸秆复合材料的研究并获得了丰硕的成果。新的研究结果通过将秸秆和其他材料进行混合的方式制作出秸秆复合材料,克服了秸秆自身不防火、不防水以及强度不大的不足,使该材料的运用范围得到极大的扩展。

2. 秸秆材料的研究现状

尽管各个国家的研究方向存在差异,但在本质上具有一定的共性,即都是站在经济利用的角度进行研究和开发[63]。不同国家也因为地域差异导致植物纤维的类别存在一定的差异,所以不同的国家又要根据本国的植物属性展开深刻探讨,才有可能开发与当地情况相符的材料,才能更好地满足发展需求。印度非常推崇农林废弃物在建筑行业的应用,印度政府为了推动这一应用甚至颁布了一系列鼓励使用废弃物用于建筑工程中的相关法律法规。[64]

美国学者经过大量的研究和实验研发出麦秸和塑料混合制造复合板的工艺,并已投入生产。该生产工艺为:在聚丙烯中加入麦秸以达到增强复合板强度的作用,添加量为30%～50%。和单纯的聚丙烯材料相比,生产出来的复合材料具有更好的柔韧性,同时,拉伸强度也得到了极大的提升。此外,这种材料的成本也有了较大幅度的下降。[65]我国也有学者对此展开研究,获得了多种秸秆复合材料的生产方法。根据实际运用效果来看,这些材料的性能都较为优良。

Drack,Wimmer和Hohensinner[66]对秸秆在水泥中的运用进行了大量研究,分析了大量的数据,总结了很多谷类秸秆在水泥水合作用中的实际表现,从而得出结论:水泥和木屑的兼容性,可借助热水提取萃取法得到显著改善,但是运用到水泥秸秆中这个结论却并不合适。Seyfang[67]与Thodberg,Jensen,Herskin和Jørgensen[68]探究水泥、稻秸的兼容性:尽管采取常规加工方法,热水提取萃取法将给水泥板的强度带来明显负面影响,但在碳酸化反应的加工环境中,却可规避这个不足,并能够充分提高板的强度和稳定性。在水泥基材料中加入该秸秆,不仅增强了硬度,而且其韧性比原始材料更大,更适合作为建筑材料。

Simonsen[18],Lawrence,Heath和Walker[19]与Mansour,Srebric,Burley[69]的研究探索了使用何种形式的秸秆,以及具体何种比例能够制造出抗压和抗张能力更好的刨花板。Damm,Vestergaard,Schröder-Petersen和Ladewig[70]也提出了一种由稻谷秸秆和木屑共同制作复合吸音板新型板材的方法,并用实验法确定了组合成分的比例。

Straw[71]与 Hutson[72]的研究证明秸秆板墙本身具有比较好的隔热性，以及不同种类的作物秸秆在何种比例与石膏混合的情况下能够达到更好的隔热性。Castrén，Algers，de Passillé，Rushen 和 Uvnäs-Moberg[73]通过总结秸秆的分解、活性和排放等特点，运用化学的方法，采用反应方程的形式将稻草秆的分解过程进行了具体表现。Zhang，Zhao，Li，Shirato，Ohkuro 和 Taniyama[74]，Binici，Aksogan 和 Shah[75]，Henderson[20]与 Arey，Petchey 和 Fowler[76]等人对秸秆材料的燃烧性质进行了研究，探索了秸秆材料在何种燃烧条件下才能够进行最充分燃烧，减少废气污染。

我国秸秆建材的研究逐渐走向正轨，秸秆建材正在快速稳定地发展，林一涛、韩卿[77]、崔源声、李辉和徐德龙[78]，李秀荣[79]，赵艺欣[80]等人探索了使用何种技术以及在怎样的混合条件下，添加何种化学元素，或者在怎样的催化剂作用下能够与秸秆材料合成在某些方面具有卓越性能的新型建筑材料。侯国艳，冀志江和李海建[81]，刘乐，鞠美庭，李维尊和王雁南[82]等人研究了秸秆建材在区域民居中使用的可行性和经济效益。在秸秆材料的燃烧属性方面，齐岳[83]，赵军，高常飞，郎咸明，代秀兰和汪德生[84]，王舒扬[85]对秸秆的燃烧过程、燃烧效率、燃烧速率、燃烧温度以及燃烧程度和废弃物的排放方面进行了研究，丰富了该领域的理论成果。

笔者从事秸秆材料研究多年，在研究中进行了秸秆砖的研发。秸秆材料本身具有弹性，所以加上石屑（工业废渣材料）经过制砖机外力压制会有一个受力反弹的现象（而且这一现象会随着秸秆比例的增加而明显），再加上两种材料的融合度不高，即使添加一定量的水泥加以凝结（考虑到成本问题，水泥的比例不可能无限制增大），其制作成砖块用于工业的可能性不高。总体而言，秸秆在此砖中就如同"杂质"，"杂质"越多，整砖的黏结力越差，其强度越弱。

为了解决这个问题，笔者进一步考虑了材料间的融合度问题，分别用以下三种秸秆材料（秸秆茎[2～4 cm]、稻壳、稻糠）与田泥＋黄沙混合制作 8 种比例的秸秆砖，每种秸秆的比例分别以 10％～80％递增（图 3-6）。田泥掺沙，按照一定比例加秸秆、加水拌成糊泥，然后用规格的木模压印成块，自然风干后，称重比对。实际结果显示：

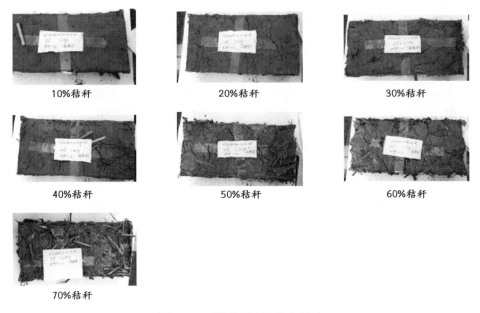

图 3-6　不同秸秆含量的秸秆砖

（1）无论哪种种类的秸秆，放入越多，砖块表面越粗糙；

（2）从质感上说，稻糠泥砖在视觉上是相对最光滑的，秸秆茎泥砖是最粗糙的，手感上也是如此；

（3）稻草、谷壳等秸秆材料占的比例，与砖的质量成反比；

（4）稻草、谷壳等秸秆材料占的比例，与砖的密度成反比；

（5）相对而言，相同比例下的稻壳泥砖与稻糠泥砖的质量接近，而秸秆泥砖的质量则要重一些。

3. 秸秆在创新设计中的使用

在了解了秸秆相关材料的类型和发展现状后，将新型秸秆材料与现代设计相结合产生了预期的结果，这些创新设计作品为秸秆材料的利用提供了新的可能。根据秸秆造物的传统，建筑和家居用品设计是秸秆产品设计的重点。在现代社会，由于技术的进步和设计理念的演变，基于秸秆材料的创新设计也呈现新的景象。秸秆材料粉碎后可以通过挤压、平压等手段，将其塑形为任意形状。因此，基于秸秆材料的利用大致有两种形式：新型秸秆材料形式和保持秸秆原材料形式。新型秸秆材料的形式多见于建筑设计和与之相关的室内设计中，包括家具设计等。传统秸秆原材料形式设计多见于创意产品设计和时尚设计中。值得注意的是，这种"传统"并非完全按照过去的设计方法制造，而是融入了现代元素，制造出符合现代消费者喜好的产品并实现了经济效益。

以下将介绍秸秆材料在建筑设计、家居产品设计和时尚设计中的使用情况。

1) 建筑设计

（1）秸秆砖在建筑中的使用。

随着十九世纪秸秆压制技术的出现，人们将秸秆等原材料通过机器打压成型制成"草砖"，并将之运用于建筑建造。十九世纪末，美国中部地区出现了人类历史上第一幢草砖建筑，这种建筑材料在当地获得了广泛的应用。其原因是当地树木非常稀少，因此，人们将注意力集中到农作物秸秆的开发运用上，从而研制出"草砖"，这种秸秆墙能够直接承托起屋顶，取代了木材在当地建筑中的作用。这种"承重"型修建方法被称为"内布拉斯加法"。[86]

瑞士人则采用稻草捆进行墙体的构建，在进行了相关的处理后，这些稻草捆都具备了相当高的防火、防潮能力，使用周期得到了极大的提升。[86]其最大的优点就是隔热性能极高，能够保持室内的温度，起到冬暖夏凉的作用。这种住宅被称作"压制稻草住宅"，不但绿色环保，还降低了建筑的成本。由此可见，秸秆作为一种原生态材料，其性能和现代人的生态价值观高度一致，因此，受到了现代人的极大关注。各国对其开发研究的力度都在逐渐加大，其发展前景十分广阔（图 3-7）。

图 3-7 欧洲草砖建筑

进入二十一世纪以来,我国政府也更加重视秸秆的节能环保作用,在北方五省地区的农村开展了"节能草砖建房能力建设与示范工程"活动。经过几年的推广使用,已经采用这种材料建设起了三所学校和上百所民居。在建造过程中,充分考虑到当地的气候条件,采用砖块作为墙体的框架材料,草砖作为内部填充材料的建造方法,这种新型建筑方法在保持建筑传统功能的基础上,实现了显著节能的目标(图 3-8)。

图 3-8　中国北方的节能建筑

草砖出现后得到了大力的推广,逐渐成为许多地区秸秆建筑的主要建造材料。而秸秆新型材料的研发和运用也获得了显著的成效。二十世纪八十年代,胶黏剂研发成功,秸秆人造板开始了规模化生产的时代,其以良好的性能,被广泛地运用在建筑的结构、填充和装饰领域。建筑界展开了针对秸秆人造板材料的建筑结构设计,从而提升该材料的适用性,产生了独特的秸秆建筑结构形态。当然,该板材并非尽善尽美,在性能和成本上都还需进一步完善。正是因为这些不足之处的存在,国外的人造板类秸秆建筑发展较慢,但对此展开尝试性研究的建筑设计师不在少数。

(2) 秸秆板材在建筑中的使用。

Felix Jerusalem 是瑞士的一位建筑设计师,他在埃申茨地区首次尝试用三种不同规格的麦秸板建造了一幢秸秆建筑。美国 Kao Design 设计工作室对秸秆人造板进行了大量的研究和实验,最终,通过巧妙设计,成功地采用 OSSB 板制作成建筑的承重部分——屋梁,使人造板在建筑中的应用空间得到了极大的拓展。我国对这方面的研究也取得了一定的成就,如万科公司就曾经在2010年上海世界博览会上将自己的研究成果进行了展示,他们采用秸秆材料建造的万科馆(图3-9)给人留下了深刻而美好的印象。万科馆的墙体材料是秸秆板,不但具有良好的隔热性能,还带给人们自然的朴素美感,同时,也宣扬了公司的绿色环保理念。

图3-9 2010年上海世博会万科馆

（3）秸秆材料的内隐式和外露式使用。

秸秆材料由秸秆加工而来,但并非可以直接使用到建筑当中。在施工之前,根据使用的建筑部位特点,需对秸秆材料进行再加工。秸秆材料具有生物材料普遍存在的缺点,如防火和防水性能极差等,必须对其表面进行有效处理,形成一个覆层,才能进行正常的使用。不少处理方式都为外显性,内部的肌理得以呈现,和外部的表层共同构成一个有机的外貌风格,营造出独特的视觉效果。

内隐式的表面处理方法即在秸秆材料的表面加上一层不透明的覆盖层,主要有两种处理方式：第一种是抹灰。这种处理方式主要用在草砖建筑中,其墙体的内外两面都需要进行抹灰处理(图3-10),目的是保护秸秆材料,增加建筑的牢固性,但同时,秸秆材料被遮盖,人们无法观看到其表面属性,只能从建筑的形态、墙面的质感等方面来感知材料的存在。第二种是增加通风耐候板。这种处理方式是在抹灰的基础上进行的,作为墙面的装饰存在。这种处理方式能够将人们的注意力吸引到建筑空间结构上,从而提升空间魅力。此外,草砖的强度存在一定的不足,容易发生尺寸的偏差,应进行适当的调整,可以对草砖突出的部分进行剪切,或者在凹陷的部分填补一些零散的草砖,经过抹灰处理后,墙体表面将会留下一些细微处的痕迹,能够提升建筑轮廓的柔和度。

图 3-10　内隐式的秸秆材料

　　由于秸秆材料先天的缺点，因此，在建筑使用时，往往都需要进行表面覆盖处理，从而造成材料的内隐。对于一些希望能够看到材料材质的使用者来说，这是一个遗憾。但我们可以通过一些透明的处理方法来实现。在实践当中，覆盖层的材料有透明和不透明两类。根据建筑实际的需要情况和使用者的愿望，可以选择透明的表层覆盖材料，呈现出材料的自然肌理，带给人独特的审美情趣。秸秆材料由于自身的脆弱性，外露式的处理方法往往会加速其老化，颜色和肌理都会逐渐地发生变化，但这种变化体现出生物材料的"活"性，同样能带给人们一种独特的审美感受。

　　由于秸秆人造板的表面肌理自然优美，通常都作为室内的饰面材料，不需要进行表面覆层处理，能够呈现给人们直观的自然质感（图 3-11）。但其防水能力较弱，只有经过特殊的表面处理才能使用在室外。2010 年，上海世博会万科馆的内外表层使用的都是麦秸板。设计者采用定向结构的麦秸板材，并对表层进行防火处理。这些板材在进行二次加工后成为弧形条状，从而构筑起圆桶状的展馆外形。随着时间的推移，展馆外部的秸秆人造板慢慢开始褪色，带给人们不一样的视觉感受，从中体现出设计师对材料和建筑生命周期的设计理念。

图 3-11　外露的板材

为了确保草砖的材质特性能够显现出来，在进行表面处理时，主要采用透明覆层的方式。英国在草砖的研究和使用上走在了世界的前列。2001年，在英国伦敦建成了一个生态建筑综合群。该建筑群里的建筑全部采用生态材料，尤其是草砖被大量使用。建筑师采用木质的框架，填充草砖，使建筑有极高的通风、隔热效果。这里使用的草砖经过了更加先进的处理，砖体外部包裹着一层透明的聚碳酸酯波形板，以铝板封边，从而使草砖的纹理得以清晰显现。该处理方式既能很好地保护草砖，延长其使用寿命，又使其具有赏心悦目的观赏价值（图 3-12）。

图 3-12 透明覆层

对于内隐式的秸秆材料建筑，为了能够让人们更好地感知材料的存在，建筑师常常添加一些细节设计，通过在墙体上设置"假窗"，墙体内部的秸秆材质通过透明的玻璃显现。这种设计既提升了建筑的趣味性，又能满足人们对材料效果的欣赏要求（图 3-13）。

图 3-13 内隐中的材料展示

2）家居产品设计

家居产品设计包含室内设计和家具设计两大类，秸秆材料在这两个领域都有很大的利用空间。

（1）室内设计中秸秆人造板材的使用。

在室内设计中，地板、天花板、墙体、门板、柜子、博古架等均可以使用新型秸秆材料,通常使用其人造板材形态（图 3-14）。其中,秸秆人造板与"谷仓门"的结合非常有趣。谷仓门是轨道在顶部的平移式门,是大型谷仓建筑中使用的一种门,给人的感觉质朴、粗犷,具有田园气息,在当前的家装设计中受到很多人的青睐。使用秸秆人造板来制造谷仓门显得相得益彰,体现了一种怀旧的情怀,同时也体现了技术进步给人们带来的福音和提倡环保意识的新生活方式。

地板　　　　　　　　天花板　　　　　　　　墙体

柜子　　　　　　　　架子　　　　　　　　门板

图 3-14　秸秆人造板在室内设计中的使用

（资料来源:http://www.jiajuhui2025.com/13301505755/vip_doc/11830807.html)

（2）家具设计中秸秆材料的使用。

随着现代经济的发展,人们的生活理念有了极大的变化。环保理念深入人心,人们追求更加自然健康的生活方式。现代科技给人们带来更多时尚的家居产品,但这些新型材料大多经过工业加工处理,并不符合健康理念。为了更好地满足人们朴素自然的审美需求,设计界开始关注草编工艺的环保价值,在设计中更多地运用草编元素、使用草编材料,为人们带来更多环保家具用品,美化家居环境,缓解生活压力,带给人们赏心悦目的精神感受。但在开发和运用过程中,草编设计还存在形态单一的缺陷,还需加大研究开发,丰富草编制品的形态结构,增加草编制品的吸引力。这就需要设计人员能够大胆创新,摆脱传统编织形态的框架,充分利用草编材料的特性及现代技术工艺,才能同时兼顾传承和创新。目前,家装设计界开始尝试草编的运用,不少家装设计中都出现了草编的身影,将这种古老的工艺和现代家居进行充分结合,打造出一个舒适环保的居家环境。草编制品将更多地被运用在未来环境艺术设计中。

秸秆材料作为绿色设计的重要材料类型,在欧洲也得到了广泛关注。从北欧斯堪的纳维亚风格的家具设计中常可看到,设计师将秸秆材料通过编织等加工方式与其他材料相结合,天然材料的质感为家居环境营造出一种原生态、回归自然的舒适气氛(图 3-15)。

秸秆文化在英国源远流长,在其传统乡村文化中占有重要地位。英国设计界最早尝试采用草编材料进行绿色设计,获得了不小的成功,从而吸引了大量设计者的加入,形成了团队开发设

图 3-15　斯堪的纳维亚风格的编织椅子

计的现象。如著名的 DesRes Design 设计事务所的秸秆家具系列,将奢华和乡村风格融合在一起,把秸秆材料和皮革一起用于设计。这些产品由结实、易于清洗的 PVC 制成,内部充满了处理过的稻草。这种设计方式巧妙地结合了俏皮的风格、耐用性和实用性,令人印象深刻(图 3-16)。

图 3-16　DesRes Design 设计事务所的秸秆家具系列

稻草凳是设计师 Neil Barron 的设计作品,这种奇妙的设计形象散发着浓郁的乡村自然气息,获得了青睐。其制作的工艺是:首先,将稻草处理成一个有着较大强度的方块状;接着,在其表面涂抹上防火材料;然后,用透明纸袋将晾干的稻草块包裹起来就成为了稻草凳。这种制作方法存在着一个不足,即纸袋容易破损,因此,设计者采用了替换纸袋的方式进行解决。人们正在研发更加耐用的环保材料来代替纸袋。

Kwangholee 是韩国的一位知名设计师,他设计的稻草椅子非常独特,受到了消费者的喜爱。其通过现代加工手段,增强了稻草的强度,从而制作成坐具,包括凳子和靠背椅两种类型。他的作品能够带给使用者强烈的互动感,同时,由于设计工艺的巧妙,为作品增添了极大的趣味性。这个系列的坐具被称为 Zip 系列。据说,该设计灵感来自他童年居住的农场的记忆(图 3-17)。

图 3-17　稻草凳,Zip 系列家具

采用秸秆人造板的典型案例是 Ryan Frank 设计的 sabella 椅(图 3-18)。这些作品采用的材料分为内外两种:内部是秸秆板,为植物性质;外部覆盖的是全羊毛毛毡,为动物性质。内外两个部分组成了动植物组合性质,带给人奇妙的使用感受。这些坐具造型奇特,外部采用鲜艳明亮的色系,一起组合成丰富的视觉效果。设计者称,非洲传统的手工雕刻坐具带给了自己设计的灵感。目前,在英国和美国市场上,消费者已经可以购买到这种生态座椅。

图 3-18　Ryan Frank 设计的 sabella 椅

除了上述的家具设计,使用秸秆材料和编织技术相结合设计的产品层出不穷,大体上可以分为包装类、收纳类和垫子类（图 3-19）。这类产品在质感上延续了草编工艺形成的纹理和色泽,在功能上进行创新,使其更加符合现代人的生活和审美。由于秸秆材料给人天然、朴素、温暖的感受,使现代消费者有了更多的选择,也从设计的延续性和创新性中感受到了美好生活。

保温杯　　　　　　　　纸巾盒　　　　　　　　笔筒

浴室收纳　　　　　　　　笔袋　　　　　　　　地毯

图 3-19　使用秸秆材料设计的产品

3)　时尚设计

时尚设计是一个新兴经济领域。通过知名设计师的设计,意见领袖的引领,媒体的宣传,形成的潮流风暴通常能够带来非常可观的经济效益,但同时也是物质浪费非常大的领域。由于商家对利益的追逐和消费者品味的快速变化,目前的时尚风格变化周期缩短到半年左右,而有些时尚品牌甚至推出了一年六季的产品更新。这意味着,商品过时的速度空前加快,人们为了"赶潮流"而淘汰的服装和配饰数量大大增加,这在一定程度上造成了很大的物质浪费。在时尚设计中使用环保材料至少有两方面的意义:减少资源浪费,提高人们的环保意识。

在古代,秸秆的"衣"文化中早就有使用秸秆制作包袋的做法。在现代时尚设计中,不同于其他材质的包袋,草编包袋给人一种休闲、轻松、质朴的感觉,非常适合旅行等非正式场合使用。一些知名品牌也纷纷推出了草编包,价格一般在几千元到上万元不等(图3-20)。同样是使用农业剩余材料秸秆为原材料,同样是手提包,知名品牌产品造型时尚、低调精致、做工细腻,成为年轻女孩争相购买的度假必备潮品;而普通产品造型传统、装饰夸张、做工粗糙,只能是买菜的菜篮子。简单地说,这种效果的差异来自于设计的优劣。好的设计以充分和准确定义的需求为基础,结合以合适的技术加工,给用户创造美好的体验,从而提升产品的附加值。马斯洛需求层次理论告诉我们,人们在满足低层次的生理、安全需求后,进而会追寻满足社交、自尊和自我实现的需求。对于手提包产品,基本的功能非常容易满足,而之所以市场上的产品设计效果如此天差地别,是因为高层次需求的满足情况不同。归属或社交的需求要求产品能够使其拥有者获得更多的附加值,能够显得更加时尚、独特、个性或者仅仅是经济实力的体现。大众审美虽然没有一个统一的标准,但是通过用户研究,能够把握最新的潮流趋势,通过品牌的经营更能够引导潮流,引领生活方式。如今,虽然环保话题出现在大众视野中的频次越来越高,但是真正从文化和理念上深入的效果不尽如人意。通过品牌潮流单品的影响力,让秸秆制品走入人们的视野,不仅能够创造良好的

¥30.00　　　　　　¥30.00　　　　　　¥45.00

AERIN BEAUTY　　　　Michael Kors　　　　Michael Kors

图3-20　知名品牌草编包袋设计

经济效益,更加能够唤起人们对自然的向往,从而加强人们的环保意识。时尚产业如果能够减少使用动物皮毛等材料,转而更多使用农作物秸秆等生态环保的再生性资源,有利于保护环境。

3.3　秸秆的系统化

人们购买产品,实际上是购买产品所提供的服务,因此产品与服务想要获得竞争力,必须提升服务质量。在秸秆资源的综合利用方面,产品服务系统设计提供的思路是,从秸秆材料能够创造出超越现有产品的新产品,为用户提供更优质的服务,而非制造出与现存产品功能雷同、功效差强人意的产品。同时,在综合考虑各方面因素后,探索出适合现阶段发展的秸秆利用技术,在可预期的时间内创造良好的经济效益。其中,现阶段表现较为出色的是诺菲博尔板业生产的麦秸板产品以及草毯机技术。

1. 诺菲博尔麦秸板

麦秸板在性能和成本上都优于木质刨花板,但低于中密度纤维板。其表面光滑度高,材质匀称。此外,相比于其他板材,麦秸板还有两个优点:一是天然环保,不会给环境带来任何负面影响;二是采用麦秸制造,不损耗森林资源。因此,该板材被广泛用于家具和建筑方面。

自从 1980 年起,全球首家定向结构麦秸板诺菲博尔的德国创始人一直在寻求木质板材的可靠替代,一种具备和木材相当的强度、稳定性和承载能力,同时又对环境友好的解决方案。麦秸秆的细胞结构和纤维特性与树干相近,并且具有纤维强度高的特性,是替代木材制作板材的良好原材料。经过数年的研发、实验、测试与生产线筹备,诺菲博尔于 2010 年成功以纯天然麦秸秆为原材料生产出全球首张定向结构麦秸板(图3-21)。值得指出的是,

图 3-21　诺菲博尔定向结构麦秸板

这条全球唯一的定向结构麦秸板生产线就建在陕西杨凌。诺菲博尔这样选择的原因一是因为我国是农业大国，生产的麦秸秆很多，焚烧产生的环境污染也很严重；二是因为我国是世界人口大国，环保的麦秸板将首先让国人获得构建绿色空间的机会。[87]

诺菲博尔麦秸板的意义在于，它突破了过去解决秸秆去向的思维，而真正从提升产品服务的角度提出解决方案。建筑板材业多年来面临的一大问题是，木材日益减少环境问题趋于严峻、人造复合板材又难以达到不断提升的健康绿色标准。因此，麦秸板的问世大大提高了人造板材性能和服务质量，具有划时代意义。2013 年 7 月 1 日，我国首部关于定向结构麦秸板的行业标准出台，该标准由国内多位相关专家和诺菲博尔组织共同编撰，成为我国定向结构麦秸板生产的指导标准，从而为该产品的推广和应用奠定了基础。

从保护生态环境的角度来讲，每生产一块 18 mm 厚的麦秸板，相当于保护一棵 2 m 高、直径 25 cm 的树。同时，农户将以前视为废物的麦草出售，不仅能够获得一定的经济收入，还能避免放火焚烧，减少有害灰霾的产生。每生产一块 18 mm 厚的麦秸板，可减少 5 kg 二氧化碳的排放。从健康绿色人居环境角度讲，定向结构麦秸板为追求健康室内环境的消费者提供诚实可靠的解决方案。根据笔者的调查了解，我国建筑和家居行业仍然以使用木材和传统复合板材为主，诺菲博尔定向结构麦秸板的出现将会逐渐改变这个局面，让健康、环保家居不再是只停留在愿望上。从设计创新创意角度来讲，金黄的色泽加上原生麦秸纹理，营造了一种自然、原始、粗犷的特点，为设计师提供了更多灵感。目前，在建筑和室内设计、家具设计领域已经有很多应用案例，其中最为著名的当数 2010 年上海世博会万科馆建筑。

万科是中国房地产行业的代表企业之一，万科低碳建筑概念馆"2049"主题是"尊重的可能"，寄托了对美好未来的祝愿。万科馆采用绿色环保的麦秸板材建造，充分表达了设计者回归自然的设计理念，引导着社会的节能环保走向，唤醒公众的自然环保意识，从而展开对自然的思考，改变和自然相处的模式，采取尊重和顺应自然的态度，获得人类的可持续发展之道。该展馆不但在材料上追求环保，在通风方式上也充分体现出环保的理念，建筑的通风方式为自然通风模式，缩短了空调的使用时长，实现了节约能源的目的。万科馆选用麦秸秆压制而成的麦秸板作为内外墙面材料，而诺菲博尔板业正是万科馆麦秸板材料的独家供应商。万科馆由七个相互独立的桶状建筑组成,犹如七座金灿灿的麦垛,天光与水色交相辉映,诠释着自然平衡的和谐之美。此外,万科馆的圆筒形造型特点对材料提出了更高的要求。诺菲博尔麦秸板在曲面的加工和塑性能力方面表现出色,更是保持了很好的表面光滑平整度,同时温和的原木色泽非常赏心悦目,与建筑造型相得益彰,万科馆成为非常成功的一个展馆建筑案例。

　　西安的一家威斯汀酒店在其整体设计中采用了大面积的诺菲博尔麦秸板材料,展现了传统与现代风格结合,达到了功能与健康兼顾的室内与室外建筑效果(图 3-22)。使用传统材料装修的工程在完工后必须要通风相当长一段时间后,室内空气质量才能达到标准。当时,酒店的业主正在寻找能够在施工后立即通过室内空气质量测试的材料,以便能够迅速开始营业,包括在大厅里进行大型会议。在比较分析了很多环保建材后,最终诺菲博尔的优越性能征服了业主。诺菲博尔公司为此项目还特别对麦秸板做了阻燃和防霉处理,完全达到了作为公共场所的酒店的标准。这个案例让我们看到了诺菲博尔的零甲醛释放的安全性能,在公共场所项目中为业主节约了很多时间,并且完全不用担心环境测评的问题,这在许多项目中是相当重要的。事实上,许多酒店度假村正是看上了诺菲博尔麦秸板的这个特点,结合项目特色,已经为这种材料找到了很多实用场景。比如云南苏河度假村的室内天花板,全部采用了诺菲博尔麦秸板,与整个酒店的民族特色融合恰到好处。

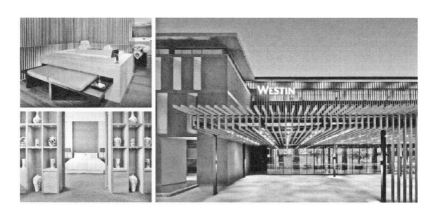

图 3-22　西安威斯汀酒店项目

　　另外,我们还发现,在室内环境要求更高的场所也看到了诺菲博尔麦秸板的身影,而且往往是非常大面积的使用。比如日本帝京大学附属小学室内设计,在墙体、天花板和柜子都采用了诺菲博尔麦秸板(图 3-23)。众所周知,日本小学的环境标准是非常高的,而这所学校敢于如此大量使用诺菲博尔麦秸板,这种材料的环保性能可见一斑。另外,在国内的西安妇幼保健院,娇嫩的新生儿对环境非常敏感,因此对装饰材料的质量要求也达到了最高级别,医院也广泛采用了诺菲博尔麦秸板,作为家具、前台桌以及另外一些装饰结构的主要材料,诺菲博尔麦秸板完全胜任这些挑战(图 3-24)。

图 3-23　日本帝京大学附属小学室内设计

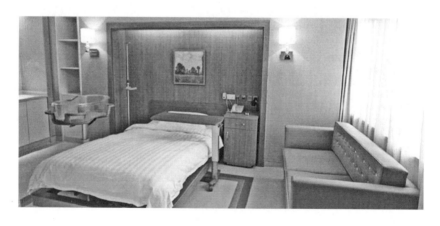

图 3-24　西安妇幼保健院

除了环保安全性能，诺菲博尔麦秸板的外观似乎有些粗野，麦秸的纹理直接暴露在外，有些用户会担心这会破坏环境的整体风格。但事实上，麦秸板的这种特征恰恰给了设计师很多灵感。麦秸秆完全可以像其他板材那样进行贴面处理，从而使其看起来更像是实木板材，然而在实际应用中，很少有设计师这样做，原因是进行贴面处理多少会需要使用胶水，破坏了麦秸板的零甲醛释放的特点。另外一个原因，则是完全从审美考虑的。每一种材料都有其审美特点，材有美而工有巧，在设计师的巧妙安排下，不仅充分表现了麦秸板的材料美，与其他材料的搭配更是达到了意想不到的效果。比如天津天友建筑设计公司，在其办公室内使用麦秸板为主材，创造了温馨的办公环境，让人感觉置身于大自然中。麦秸板材料与磨砂玻璃组成的屋顶，既有非常好的采光性能，麦秸的色泽又让环境温暖柔和。另外麦秸与玻璃幕墙的组合对比非常强烈，却没有让人感觉到不和谐，反而因为麦秸调和了冰冷的现代化工业感(图 3-25)。此外，在这个案例中，我们看到麦秸板被切割成了很多几何形状，这样的处理让环境整体看起来相当现代。在上海 Ms. Man's 建筑设计事务所的应用案例中，麦秸板以自由的曲线形式出现，这种造型与麦秸板有着天然的和谐之美。同时麦秸板没有使用大面积的立面形式，而是采用了间隔式的片状排列方式，在保持了较大空间感的基础上，为枯燥的办公环境创造了一个充满创意与温馨的会议空间(图 3-26)。上述两个案例阐释了麦秸板的不同使用方式，以及与不同材料搭配的设计效果。同时，两个城市的两个建筑设计公司都对这种材料如此青睐，让我们看到了诺菲博尔麦秸板绝不仅仅是环保、安全、健康的代名词，它同样也可以创造出绝佳的室

图 3-25　天津天友建筑设计公司

图 3-26　上海 Ms. Man's 建筑设计事务所

内设计风格。事实上,已经有很多麦秸板应用在家庭装修的实践中了,比如福州的一所绿色公寓的室内设计(图 3-27)。

图 3-27　福州绿色公寓室内设计

从上述诺菲博尔麦秸板的应用案例中,我们可以看到,它因为 2010 上海世博会而闻名天下,又因为其无化学气味释放而受到想要迅速开启业务的酒店业主的青睐。婴幼儿活动相关场所由于对环境要求级别最高,而寻求诺菲博尔麦秸板作为解决方案。除了这些出于安全考虑的项目,建筑设计公司也非常喜爱诺菲博尔麦秸板这种材料,并且已经在各种家装和工装项目中进行别出心裁的应用。而诺菲博尔麦秸板的出现,形成了一条收购麦秸,增加农民收入——减少环境污染——保护森林资源——增加就业——提供绿色家装产品的具有综合效益的社会化产业链。从而有利于实现社会经济的可持续发展。诺菲博尔麦秸板成功的案例告诉我们,只有形成具有经济、社会和环境多重效应的产业链,构建相关产业的生态系统，从系统设计的角度提升产品服务质量，才是现阶段秸秆利用需要的有效形式。

2. 星美秸秆草毯机

2014 年，我国颁布了《秸秆综合利用技术目录》，该书专门针对秸秆利用途径，提出秸秆资源的"五料化"，即原料化、饲料化、肥料化、基料化和燃料化。其中原料化最经典的案例就是上述的诺菲博尔麦秸板。但是其他几个方面的利用途径却面临着很大的困难而难以开展。如，秸秆作为饲料，要想加工成颗粒状，必须付出较高的成本；秸秆制成木板存在着二次污染的问题；秸秆发电投入大，成本回收周期长；用焚烧池的方式进行处理会产生 PM2.5，同样会污染环境；秸秆制作人造肥，人力成本较高；秸秆还田降解周期很长；等等。在这种情况下，分析问题的真正痛点，可以发现，秸秆利用技术成为关键问题。诺菲博尔麦秸板解决了秸秆人造板材技术难点，并且提供了许多系列化的切实可行的解决方案，秸秆的其他利用方式也同样有待解决技术难点。面对短时间内无法解决的技术困难，我们也许可以通过产品服务系统设计思维，结合现阶段成熟的技术与潜在的需求，创造出阶段性的产品或服务，秸秆草毯就是这样一个案例。

安徽星美秸秆循环利用科技有限公司调查了秸秆利用中存在的困难，结合现阶段技术发展程度，提出了将秸秆原料制作成为一张张秸秆草毯的解决方案。这样生产的产品不仅仅是打成捆的秸秆，而是具有生态活性的无土植被技术，可用于草坪种植。进行提前喷播或草毯自带草种的方式，只需要 7 天左右就能形成优质植被。秸秆草毯经过降解后，能够成为土壤中的有机质，为植被提供营养。草坪是防治沙尘暴、降低泥石流、防止斜坡塌方、减少传染疾病的有效方法，也是最经济、见效最快的绿化手段。在西方国家，一般是先种草，再种树，草是树木生长的基础。传统的草坪种植技术中存在浪费土地资源、易传播病虫害、效率低、成本高等缺点，而秸秆草毯只需要覆盖在需要绿化的土地之上，一段时间后，草坪生长草毯降解，便可以完成绿化。这种做法大大提高了绿化效率和草坪成活率，可以说为环保事业作出了很大的贡献。

秸秆草毯除了能够变废为宝，将原本可能变为污染源的秸秆生产为有利于环保绿化的产品，更能够有效节约耕地资源。其应用场景包括草原荒漠化治理、水土流失的防护、河流生态恢复、城市基本绿化、大棚蔬菜的覆盖、高速公路铁路等边坡绿化等。除此之外，秸秆草毯还可以用于无土栽培技术，在绿化面积日渐稀少的城市里，贫瘠的屋顶也可以变为一个个空中花园，为城市增加一抹绿色，更加能够调节楼内气温，节约能源（图 3-28）。

图 3-28　秸秆草毯用于屋顶花园建设

　　上述诺菲博尔麦秸板和星美秸秆草毯的案例让我们看到，在秸秆利用进程中，除了要攻克一个个技术难关，也要具有全局的眼光以及系统的思维，将现有技术与潜在市场需求相结合，同样能够创造出阶段性的经济、社会、环境效益皆不错的产品和服务。只有快速实现多方的盈利，秸秆利用相关产业才能打造成健康的生态圈，实现可持续发展。

3.4　秸秆的艺术化

　　近年来，艺术界对环境保护越来越重视，在作品中融入了很多环保理念，也探索了诸多艺术形式。其中，使用生活中无法得到充分利用的废旧材料作为原材料进行艺术创作的做法引起了大众关注，也为再生性资源提供了展示自身的平台。秸秆材料的艺术再生指的是以秸秆为原材料，通过艺术表现手法使其转化为艺术品的过程。使用秸秆进行艺术创作具有悠久的历史，在传统的草编工艺品中，就有很多草编工艺品非常精美，堪称艺术精品；除去常见的编织手法，也有使用秸秆进行绘画创作的贴画艺术；在当代艺术中，装置艺术引领了使用再生循环材料的风潮，其中的大地艺术充分展现了秸秆材料的魅力。

1. 秸秆草编艺术

按照满足实用和审美两方面的要求，秸秆编织物可以分为普通的生产生活中实用的日常用品，以及具备了一定观赏和审美价值的草编工艺品。前文已经对作为产品的秸秆编织物进行了阐述。在草编工艺品方面，世界各地的艺人通过自己的创意和灵巧的双手创造出了很多令人叹为观止的作品，其中不乏天价艺术品。当下，在草编制品当中，使用最多的材料为麦秸秆。麦秸秆之所以能够得到如此广泛的应用，主要原因有两点：一是资源丰足易得；二是易于塑型。制作者采用多种工艺技巧，充分挖掘麦秸秆的潜力，将其独特魅力充分展示出来。我国是传统农业大国，小麦种植区域广，种植面积大，因此，历史上我国劳动人民很早就有了草编活动，草编制品闻名世界。

草是一种物质材料，经过制作者的艺术加工，就成为一种文化或者审美价值的载体，表达出制作者的生活理念和价值观。草编制品通过艺术的形式，赋予材料以艺术的美。这也正是草编制品的发展趋势，即从一门手工工艺发展成为工业艺术。其中蕴含着制作者的审美观念和丰富的传统文化内涵。我国最著名的草编有山东与河南的麦草编、浙江金丝草编、湖南龙须草编等。

草编工艺品按照其审美性的强弱程度，大致可以分为实用型和观赏型两种。实用型草编工艺品指的是满足实用功能并具有一定的审美特性的秸秆编织产品。包括精美的草席、榻榻米、家居用品、草编包装等，通常作为产品出售。观赏型草编工艺品，是指实用价值让位于审美价值的草编工艺品，包括草编模型、玩具、动植物造型、装饰品等，通常作为艺术品出售，或是仅在博物馆等机构展出（图 3-29）。

观赏型秸秆编织工艺品形式多样，使用的材料有拉菲草、棕榈叶、蒲草、玉米

图 3-29　观赏型秸秆编织工艺品

皮等,经编织、扎结、串钩、捆系或环扣等工艺制作成型。这些工艺品一般体积较小,放置于室内作观赏之用,具有较强的审美性和趣味性。模型工艺品中,主要的题材是物品或者动物,包括神话故事中神奇生物的形象,比如龙,使用秸秆材料再现,显得既生动又质朴,反应了广大劳动人民的智慧和对生活的热爱,展示了一种质朴的性格特点。

　　草编工艺品因为其装饰和审美价值,受到了世界各地人们的喜爱。在一些古镇旅游景点,出现了不少草编工艺品店,人们也从过去农闲时从事的秸秆编织中找到了商机。山东平度市新河镇,是山东省闻名的草编工艺品出口基地,目前,全镇有草编工艺品出口生产企业 40 余家,有 32 个村建立了草编工艺品加工店,从业人数达到 1.2 万。产品包括 80 多个系列,4 000 多个品种,远销欧洲、美国、日本等多个国家和地区,草编工艺品已经成为当地的主导产业。[88]秸秆的这种利用方式告诉人们,在商品经济大行其道的今天,传统的民间技艺加上一点形式的创新,也能够创造出客观的经济效益。这其中必然不能缺少对大众审美的研究,对市场动向的把握,民间资本的眷顾,以及政府的引导。运用现代管理理念,将精湛的技艺与市场需求相结合,形成产业的规模效应,才能够让秸秆的这种利用方式长久生存并造福地方。

2. 秸秆贴画艺术

　　秸秆画是中国民间工艺的瑰宝,具有朴素的艺术风格和造型特征,制作工艺精细,工序繁多,部分作品达到了很高的艺术成就(图 3-30)。使用的原材料为农作物小麦、玉米、高粱等植物秸秆,其中使用小麦秸秆的又称麦秸画,或者麦秆画、麦草画、秣秸画。因为绿色环保,秸秆画被称为"绿色艺术"。秸秆画一般以单纯的画面表达为主,也有部分在画中添加了文字,这些文字都采用对联、扇面等表现形式。制作者在进行秸秆画编织时,坚持不破坏秸秆的表面质感,即保持其自然的光泽和纹理。在制作工艺上,采用多种艺术表现形式,力求使作品具有古朴、典雅的审美意趣。秸秆画的题材很广,包括花鸟、鱼虫、奔马、猫狗等。一幅秸秆画作品从原料准备到成型,需要经过 20 多道工序。首先要对秸秆进行蒸煮,然后进行压平晾晒,对晒干的秸秆熨烫并进行上色处理,然后在白纸上勾勒出草稿,最后将处理后的秸秆贴面和雕刻。秸秆画的题材内容是闲适的,是老百姓在乡村原野中的平静生活的真实写照,营造出一幅幅和谐的乡村田园风光。在画面结构上,追求内容完整,图案对称,形象饱满;在色彩使用上,追求鲜艳明快感,并形成丰富层次的对比。

图 3-30 张鹏的秸秆画艺术

秸秆画具有较好的经济效益,一幅制作精良的秸秆画市场价格能够达到数千元,对编织艺人来说也是不小的经济收入。然而,秸秆画艺人大多是在农闲业余时从事创作,大多数创作者目的也是自娱或馈赠亲友,没有刻意追求艺术效果;制作秸秆画的艺人没有经过系统的理论和技能学习,他们纯粹是因为爱好而进行创作,这就决定了他们的专业水准整体处于较低的水平,因此,我国历史上没有出现专业的秸秆画艺术家,秸秆画在中国工艺美术史上成就也比较有限。要发扬这种民间艺术,还需专业文化艺术研究者、艺术创作者以及广大劳动人民共同努力,通过产业链的打造、展示平台的提升、艺术大家的推荐等方式,提高知名度并且加强秸秆画的艺术生命力。

3. 秸秆大地艺术

在艺术家眼中,一切事物(具体来说指材料)可以是有形的,也可以是无形的,甚至人们的思想和观念都可以视为艺术表达的媒介。艺术家将人们日常生活中的物质文化实体进行艺术性再加工,使其形成新的造型,放置于特定的时空里,以展示出其蕴含的精神文化意蕴。这种艺术形态就是装置艺术。其从诞生起就与绿色设计有着深远的联系,再生材料与装置艺术也是有着天然的恰当性。可以说,再生材料的使用为装置艺术提供了全新的视角。而大地艺术是指运用自然材料(泥土、岩石、沙、植物、风、水等)在大地上创作的关于人与自然关系之思的艺术,大地艺术产生于二十世纪六十年代末的美国,主张重返自然,认为埃及金字塔、史前巨石建筑、美洲古堡才是人类文明的精华,是西方后现代艺术的重要思潮之一。装置艺术与大地艺术相碰撞,利用秸秆进行的大地艺术创造,成为近年来艺术节的热点之一。这是一种材料再生的艺术,有研究称其为材料的"艺术地再生"。[89]近年来,与旅游业相结合创办的充满趣味性的"稻草文化节"或"稻草艺术节",均展示了大量使用秸秆制作而成的大地艺术作品,吸引了大批游客驻足欣赏。

被誉为"世界上最大规模的户外国际艺术节"的日本新潟大地艺术节,也称越后妻有(古代名称)大地艺术节,是全世界最大规模的"大地艺术三年展"。随着环保理念深入人心,日本一向注重环境保护,近年来,环保更是成为日本艺术的主题思想。当代艺术发生了趋势上的变化,逐渐向公共艺术靠拢,推出了各类建设环保社区的主题艺术活动,这种积极参与社会的行动,对日本的社会经济发展产生了极大的促进作用。2000 年 7 月,"大地艺术三年展"在日本新潟县越后妻有地区盛大开幕。与其他三年展、双年展不同的是,这个艺术节展出的作品不会在结束后拆除,作品会被保存下来,成为当地环境的一个组成部分。而在新潟的上堰公园,作为越后妻有大地艺术节的一部分,每年都会举行"稻草艺术节",作品通常是由武藏野美术大学的学生们和市民一起合作完成。这些作品以木材为骨干,以秸秆为表面覆盖材料。这些普通的材料在艺术家手中成为一件件形态各异的巨型稻草雕塑,这些雕塑具有粗犷和质朴的特点,显得鲜活纯真,巨大的型体十分震撼人心,让人感受到远离城市生活的乡村乐趣和来自大地的馈赠。新潟的稻草艺术节吸引了大批游客到来,带动了当地旅游业,与大地艺术节的其他艺术作品一起形成了规模效应,逐渐让乡村不再寂寞,为当地经济和文化注入了新的活力,取得了巨大的成功(图 3-31)。

图 3-31　日本新潟大地三年展——稻草艺术节稻草雕塑作品

从日本新潟的稻草艺术节,对比国内各地涌现的各种临时性的稻草景观艺术,能够明显看出其影响力的差别。国内的稻草艺术节通常是在城市郊区的公园或者景区的空地,作为临时性的展览展出。虽然表面看来也相当热闹,但仔细深入调查可以发现诸多问题。比如稻草雕塑缺乏美感,各地稻草艺术造型大同小异,稻草雕塑与所处环境景色格格不入等问题。商家往往只顾眼前利益,过度消费人们的新奇感,这就造成了稻草艺术节的一次性消费,一段时间后无人问津。这其中存在的问题深挖其深层原因,包括:

(1) 地点的选取缺乏地域文化的背景,虽然需要考虑人流到达的便利性,但是将风格粗糙古朴的稻草艺术作品随便置于一地是不恰当的,也不能带动乡村发展,反而会造成举办地的景观破坏和二次污染。

(2) 活动缺乏多方参与,国内各地的稻草艺术节上的作品往往来自同一家公司,作品大同小异,缺乏创新,虽然在短期内通过巡回方式可以获得不错的收益,但长期必定难以维持其生命力。

(3) 缺乏艺术家、各界人士与当地居民共同协作,浪费了很好的构建地域人文精神的机会,无法获得广泛的社会认同。

(4) 缺乏政府的长期综合规划,没有列入到政府精神文明建设的工作中,也无法带动其他机构联动,形成规模效应以扩大影响力。

通过上述"秸秆的艺术再生"的案例分析,可以看出,艺术媒介在秸秆资源的综合利用方面,具有其独特深入人心的力量。将其推广到其他再生性材料方面,应该具有类似效果。艺术创作对再生性资源的需求数量不会达到工业级别,商业价值也远不及批量制造的商品,但是艺术从来都是社会和思想界的先锋,纵观历史,艺术曾经倡导的人性、现代化、后现代等都有效推动了社会进步。在再生材料的推广和综合利用推进方面艺术有着举足轻重的地位。我们期待通过世界各地的艺术家的不断实践,能够引起人们对环境保护的重视,加快资本进入再生性资源综合利用产业,从而推动社会进步、地域振兴以及人与自然的和谐相处。

第4章 乡村战略篇：秸秆创新利用助力地域发展

从社会公平与和谐的角度看，每个人都平等地享有追求幸福的权利。地域发展虽不平衡，但地域都有发展的权利。个人的发展离不开社会的发展，在很多层面，这个影响人的发展的"社会"通常等同于"地区"。因为在城市化进程中，创造出了更多更好的工作机会，人口由乡村流向城市也是理所应当的事，但人口的外流进一步加剧了地区发展的不平衡问题，从而导致了乡村颓败，甚至出现了因村落机能损坏而整个村落消失的情况。地域振兴不仅仅是去拯救濒临消失的自然村落，同时也是对物质和非物质遗产的保护，只有有人居住的村落，其建筑、民俗、传说等才能得以获得生命力而传承；城市经济发展增速放缓已成为新常态，乡村的开发必定会成为新的经济增长点。

4.1 地域振兴政策制定

所谓地域振兴是针对地域问题提出的说法。广义地说，所有和地域社会空间有关联的社会问题都是地域问题。从这个意义上来说，社会问题都带有或多或少的地域问题特性，尤其是我国城市化的快速推进，人口呈现高度集中的状态，地域特性明显增强。[90]地域振兴，指的是复兴地域文化、资源、环境，也是一种地域活性化研究，强调再整合、再设计、再利用、再系统化。地域振兴解决的是地域发展不平衡及后进地域日渐衰败的两个问题。其中，人口过稀是最主要的问题。由于经济的增速发展，人口流向城市，造成了大城市人口过密，农村和小城市人口过稀。由于离乡的大多数为年轻人，从而使这些地方过早地进入"老龄化"状态，地域活力明显降低，经济规模逐渐下降，地方财政收入减少，城市公共服务设施建设资金匮乏，造成公共服务水平低下。有些地方甚至连举办一些传统的婚葬仪式也存在困难。同时，资源的合理利用也难以实现，社区的生产机能逐渐衰退。这些地区的特点可概括为：自然条件较差，经济落后，年轻劳动力缺乏，政府财政收入水平低。[90]

地域振兴主要从经济开发和社会开发两个方面入手。经济开发的目标是创造核心、高效、简单、能突破激烈竞争环境的支柱产业，实现地域的均衡发展。社会开发的目标是创建和谐、团结、居民安居乐业的高福利社区。地域振兴具有重要的战略意义和现实意义。在国家地域发展思想的指导下，需要每一"地域"自身发展，为国家发展贡献力量。同时，只有实实在在实现经济效益，才能创造良好的就业机会，提升当地居民的生活水平，实现富强梦。另外，在地域振兴过程中，必须有新的发展思路，一方面防止发展过程中对环境的破坏，另一方面对生态进行改造，让乡村环境更加干净整洁；在保护历史、文化、民俗与古迹方面，也需要采用新的思路——保护与开发并重，提升乡村文化活力。

地域问题在某种程度上是"经济高速增长的后遗症"。在经济高速增长期，由于城市化和产业化进程还未完成，城市发展需求强劲，因此地域问题还不凸显；随着经济增速放缓，城市化和产业化进程进行到了一定程度，想要获得新的经济增长点，必定会考虑后进的乡村地区发展问题。另外，地域问题还是"产业结构改革的后遗症"。由于产业结构的变化，原本地域的支柱产业可能面临着很大的发展问题，随着支柱产业的关停，地域发展问题日趋严重，"地域振兴"问题成为要解决的主要问题。

日本从二十世纪六十年代开始，出现了严重的地域问题。韩国从二十世纪七十年代、我国台湾地区从二十世纪八十年代开始相继出现了这个问题。特别是二十世纪九十年代亚洲金融危机过后，曾经经济发展速度超前的地区都出现了严重的地域发展活力不足问题，甚至出现了一定程度的倒退现象。我国的城市化起步较晚，因此地域问题长期以来并不是经济社会发展的主要问题。但是根据发展规律，我国某些地区面临的地域发展问题在对策方面面临着经验不足的困境。在这一问题上，可以从日本以及我国台湾地区发展的经验和教训中借鉴一二。

1. 日本地域对策及演变进程

在日本，地域问题被称为"过疏问题"。日本是一个岛国，每一寸土地都非常珍贵,面对战后经济发展过程中出现的地区人口过稀、农业社区日益衰败的现象,日本政府感到非常忧虑。日本从二十世纪六十年代开始了工业化进程的发展,随之而来的是大规模的人口流动现象。农村的劳力纷纷前往城市寻求工作和发展的机会,形成了城乡人口分布截然不同的现象:前者人口密度过大,后者人口密度过小。人口密度过小带来的直接后果就是村落社会逐渐解体,乃至最终消失。而大量人口迁居城市,使得过疏问题成为日本农村尤其是山村地域严重而深刻的问题。值得指出的是,日本社会的过疏现象不仅仅是人口数量的减少和地方财政危机,人口质量也发生了很大的变化,过疏地域普遍人口老龄化,丧失地域活力。除了产业与生产生活的乡村社会濒临崩溃,更深层的是在地居民的住民意识逐渐衰退。[90,92,93]

　　日本一直以来资源都相对匮乏,因此日本非常重视资源的利用和环境的保护,日本文化非常强调人与自然和谐共处。在发展过程中,虽然因为急功近利,过度的工业化导致了一些地域的自然环境破坏,但总体来说,日本的环境保护与经济发展的关系处理得比较好。日本在几十年的发展中,对发展和环境保护的认识也在不断深入。从发展的进程(图4-1)来看,起初,日本仅针对环境污染问题进行治理,对乡村地区的环境进行整治,随后开始了整体的自然保护运动;另一方面,历史环境也在发展中遭到了破坏,而这恰恰是地方居民的精神纽带。[94]历史环境的毁坏使居民感到失落,失去了对故乡的自豪感,因此日本开始了针对历史环境的保护。二十世纪七八十年代,国际生态和可持续发展理论逐渐发展成熟,日本也开始了这方面的探索。经过几十年的探索,日本的发展道路

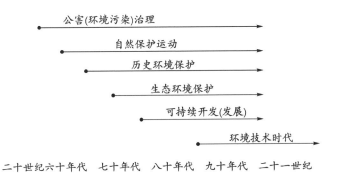

(资料来源:《日本历史环境保护的理论与实践——法律、政策与公众参与》)

图4-1　日本发展与环境保护进程

进入到了环境技术时代,这是从环境保护的生产设备、生产方法和规程、环境规划和评价、环境信息系统、产品设计、操作运营及管理等方面多位一体的发展方式。从日本的发展与环境保护的进程看,总体经历了一个从被动应对到主动利用,从矛盾中挣扎到探索出经济、环境和社会效益的综合绿色发展过程,值得我们学习。

1) "内发式"发展思想的确立

日本学者经过了长久的调查和研究,发现地域振兴最主要是要解决以下的问题:寻找振兴的主体力量和恢复"住民组织"固有功能。前者针对的是年轻人口外流导致的乡村提前老龄化问题,后者针对的是地域组织生活问题。但是简单采取抑制人口流动的措施是不现实的,甚至是有害的。就业机会被认为是年轻人口流动的最主要原因,因此早期的过疏对策主要是采用"招商引资"引入企业,为当地居民创造就业机会。这些手段在一定程度上缓解了乡村的人口过疏问题。随着日本经济增长从高速期进入平稳期,想要企业进入后进的乡村地区的可行性逐渐降低,这种"外生的开发"由于受到外界经济环境等影响过大,逐步被"内生的开发"("内发式"开发)所取代。"内生的开发"强调以本地居民为中心,政府完善道路、农林渔业基本设施建设,保证居民的生活便利性,提升生活福利。学者宫本宪一长期致力于地域经济发展理论研究,同时,他根据日本经济发展状况,提出了新的经济发展模式理论,即"内发式发展论",主要内容有以下四点[12,95-98]:

(1)采用地域内开发模式,形成一个地域市场系统。着眼地域内已有的各类条件进行研究开发。

(2)注重环境保护。经济发展要建立在环境保护的基础上,提升生活空间的舒适度。

(3)注重地域特色,开发与其相关联的产业,以获得更多的利润。

(4)注重本地居民的参与性。通过建立本地居民经济自治体的方式,让他们实行自主经营,更好地利用本地的土地资源,进行有针对性的项目投资。

"内发式发展"的思想在日本文化中具有十分深刻的传统,强调民族的自立自强一直是日本民族的传统。在第二次世界大战结束后,日本政府致力于经济的发展,并积极探索出一条新的经济发展模式,注重民间资本的参与性,以此来构建日本的产业框架,形成了"民族经济至上"的日本式市场经济模式。在此基础上,政府也积极调整行政体制模式,形成了独具日本特色的"官民协调体制"。该机制重新定位政府的职能,从传统的政府对企业实行的"行政指挥",转变为"行政指导",即二者之间从之前的上下级关系转变为平等协商关系,二者结成了"命运共同体",这种市场经济体制十分有利于国内经济的保护,促进了民族经济的发展[97]。在亚洲金融危机时期,虽然日本经济也受到了很大的冲击,但是相比邻国韩国,日本还是相对平稳地度过了危机。原因就在于,日本强调"内发式发展",而韩国经济基本依赖外来资本。"内发式发展论"问世后,受到日本政府的高度重视,被日本政府作为重要的经济发展模式并作为指导思想,从而形成了日本的特色经济模式——地域经济。经过几十年的实践探索,一个完整的内发式发展体系在日本国内形成。主要包含四个方面的内容：

第一,大力开发地域特色经济,无论是地域的自然资源还是社会资源、文化特色或者民俗仪式、歌舞等都可以成为地域的经济特色,强调与其他地区的差异性。

第二,建立内发式经济体系,适合内发式发展模式的经济体系通常具有传统性、小规模、满足特定市场需求、相关产业联合发展等特点。

第三,地域经济政策原则包括目的的综合性、相关产业协同发展及保护本地居民的自治权利。

第四,内发式发展实现的金融保障主要来自各类信用机构和地方性银行。中小企业是地域经济的主要贡献者,但往往因为资金不足而面临周转困难,因此中小企业的金融保障服务非常重要。

总结日本"内发式发展论"的要点,首先是确立以地域为发展的主体力量,本地的需求成为经济发展的原动力；其次,建立共生经济体系,形成城乡共生、本地住民与地域共生、企业与企业共生的格局；再次,重点发展中小企业,中小企业通常是大企业的供应商,只有千百万的中小企业得到良好的发展,整个经济才能良好运转。

2）以立法形式确立过疏化对策

在理论研究的同时,日本政府还从立法角度将过疏化对策以法律形式固定下来。从二十世纪七十年代开始,日本政府每隔十年陆续出台多部振兴地域经

济的相关法规。同时，日本政府还重视农业的发展，尤其是粮食产业，以形成社
会经济全面发展的局面，为社会经济的可持续发展提供基础支撑。因此，1999
年，日本政府制定并实施了新农业基本法，关注农村人口稀少的问题，促进农村
经济的发展，同时，加强自然环境的保护。日本政府从财政上给予农村地区经济
发展以较大力度的支持，如果仅仅从投资效益方面衡量价值并不很高，但农村地
区承担着环境、水土等生态自然方面的维护功能，因此，政府的投入有着重大的
社会意义。二十一世纪初，日本实施的《过疏地域自立促进特别措置法》强调提
高过疏化地区的自主发展能力[93]。这些法律法规随着时代的发展不断更新，与
时俱进，与一系列的惠农政策相结合，在政策层面奠定了地域振兴的基调（表
4-1、表4-2）。

表 4-1　　　　　　　　　日本 1970—2010 年过疏政策法规

法规名称	《过疏地域对策紧急措置法》	《过疏地域振兴特别措置法》	《过疏地域活性化特别措置法》	《过疏地域自立促进特别措置法》
时间/年	1970—1979	1980—1989	1990—1999	2000—2009
目标	启动人口快速下降地域紧急预案，采取有效措施，通过财政投入，维护当地居民的生产生活，推动农村基础产业建设和发展，以留住当地人口	通过财政支持的方式，为人口过疏地区的社会问题提供解决资金，如加大高龄补贴，建设符合当地产业特色的企业，为居民提供就业机会	挖掘人口稀少地域的潜力，调动当地力量，着力解决当地经济落后问题，提高居民生活福利，增加就业机会，以实现活性化发展	促进人口过疏地域的自立发展，提高居民的生活水平，增加就业机会，挖掘地方特色产业，振兴具有美丽乡村风格的本地经济发展

表 4-2　　　　　　　　　日本乡村建设相关的法律

立法目的	立法时间/年	措置法律名称
土地私有制	1946	《自耕农创设特别措置法》《农地调整法改正法律案》
建立农业协作社	1947	《农业协同组合法》
土地改良	1949	《土地改良法》
	1956	《农业改良资金援助法》
农地管制	1952	《农地法》

（续表）

立法目的	立法时间/年	法律名称
农村产业结构改革，农民增收，农业现代化，农村社会保障、金融	1961	《农业基本法》
	1963	《改善农林渔业经营结构融资制度》
	1970	《农业人养老金基金法》
	1971	《农村地区引入工业促进法》
农业振兴	1969	《农业振兴地域整合建设法》《城市计划法》
	1974	《生产绿地法》
	1976	《国土利用计划法》
	1980	《增进农用地利用法》
	1999	《粮食、农业、农村基本法》
乡村发展与建设管理	1987	《村落地域整治建设法》
历史遗产保护	1950	《文化财产保护法》
	1966	《关于古都历史风土保存的特别措置法》
	2008	《关于地域的历史风格保护和改善的法律》
生态保护	1951	《森林法》
	1967	《自然公园法》
优质住宅建设	1990	《市民农园建设法》
	1999	《促进优质田园住宅法》
创造美好景观	2004	《景观法》

从过疏法案的演变过程可以看出，从最初的被动应对到振兴发展再到后来的地域活性化理论，日本对地域问题的认识越来越深入。最初，日本政府对地域人口减少和老龄化现象采取应对和防范措施，而后开始正确认识该问题，并积极地提出增加居民就业和提升社会福利的措施。这些措施虽然取得了一定的成效，但仍然无法提高地域活性。随着"内发式发展论"的提出，政策也做出相应的改变，更加侧重将地域居民作为发展的主体力量，鼓励其发掘地域本身的个性，激发地域活性。在最新的《过疏地域自立促进特别措置法》中，进一步强调了"自力"为地域发展的主要途径，并且通过一系列配套的措施保证促进地域自立发展。2008 年 5 月，日本颁布《关于地域的历史风格保护和改善的法律》，这是一

部有关整合历史环境保护和地域文化复兴的综合性法律。这部法律涉及的范围包括日本的文部科学省、农林水产省和国土交通省,旨在联合多部门协同合作针对历史环境和地域文化,体现了文化遗产保护与城乡规划建设、农村地域的有形和无形的文化遗产整体保护与积极利用。

3) 日本地域振兴实践

日本乡村的景观本身具有鲜明的地域特色,也具有浓厚的乡土气息和人文属性。地方特色通常以各种形式的"祭"传承下来,比如"夏日祭""稻草文化祭"等。二十世纪中期,日本发起了"造街运动""造乡运动",这些规模较大的经济活动,对日本的国民经济发展产生了重要影响,引起大量经济学者的关注。

(1)"造街运动"——以岐阜高山市为例。

"造街运动"的时代背景是 1945 年后,日本经济进入复苏阶段,在发展过程中,许多传统建筑被毁坏,被新的建筑取代,导致地方文化特质被破坏。针对这种情况,民间学者及民众共同发起了旨在保护历史街道的"造街运动"。其中影响力较大的是岐阜高山市历史街区的保护与开发(图 4-2)。

图 4-2 日本岐阜高山市历史文化街区

高山市是日本有名的历史文化名城,素有"小京都"之称。高山市的历史地段保护范围即十六世纪所建城区,传统核心区域包括宫川和江名子川所包围的原城下町部分,共有十三条街,南北向道路为重点保护区,包括最著名的一、二、三之町古街。周边缓冲带是传统与现代城市功能景观的混合区，共有三十九条街道。

1964 年，由高山市儿童组织首先发起禁止在河流中倾倒垃圾、排放污水，并在河中投放了很多鲤鱼。这一行动引起了市民的关注，并成立了宫川鲤鱼保护协会。1965 年，全国运动会在岐阜开幕，市政府以此为契机号召展开了美化高山市的运动。1966 年，在高山建市三十周年之际拟定了《高山市民宪章》，提出整治环境、建设家乡的倡议。在这些倡议下，高山市出台了多部保护条例和法令，如《高山市环境保全基本条例》《高山市市街地景观保护条例施行规则》《高山市市街地景观保存计划》，内容包括保护地段划分、面积、特点，对传统建筑风貌、材料、高度、色彩等均有明确规定。另外，对环境绿化种植和保护所需的补偿金额等也都有规定。

高山市城市设计的一项重要举措是街角美化设计[99]。所谓街角，是指历史街区街道交叉口，宫川和江名马川的桥头，以及周边地带旧城城门遗址。街角美化涉及很多方面，包括人和社会物质环境、美学景观、政策实施和工程设施等方面。在高山市历史地段规划设计过程中，提出了"街角设计理论"，包括生活环境、观光环境和生产环境三者的有机结合。高山区对确定的四十三处街角都进行了标志设计，如广场、绿化、绿篱、栏杆、小型建筑物、自行车停车场、坐凳、导游板、照明等，并对每个街角作出具体空间意象设计。街角美化实施前后的景观效果对比十分强烈，古城传统特色更加鲜明，环境景观更加协调统一。由于环境改善，吸引了更多游客到来，增加了社会效益和经济效益。

从高山市的历史文化街区保护和开发的案例中，可以总结几点启示。

第一，在历史街区的保护和开发过程中，要重视环境设计的作用，因为环境设计能够衡量社会、工程、经济等问题，做出最适合的规划。

第二，城市微观环境整治美化是一项投资少、收益大的有力措施。

第三，有了好的规划设计，还必须动员群众，让当地居民都参与到环境整治、历史保护和开发中来。

（2）"造乡运动"——以三岛町为例。

"造乡运动"从乡村的地产、风景及文化方面，着力于挖掘乡村的独特之美，强调乡村价值的再认识，号召人们将乡村的特色转化为经济价值，推动乡村的建设和发展。通过这样的形式，让人们发现乡村的魅力和乡土文化中蕴含的人文情怀[100]。这种展现方式，抹去了"城市"和"乡村"之间在人们心中的价值褒贬含义,而只成为两个空间地理名词。尽管在经济上,乡村远逊色于大城市,但乡村优美的生态环境有利于人们的身体健康,同时,乡村还有一个最大的特点,即浓郁的传统文化氛围,能够带给人精神上的安慰和心灵上的归属感。因此,综合来看,城市的价值并不一定超过乡村。这样的运动有利于人们对于传统城乡身份认知的改变。"造乡运动"典型的案例是宫崎清教授提出的"一村一品"运动。该运动的核心是不搞"清一色",而是将每一个村作为一个开发单元,挖掘其地产、文化等特色,形成特色产品,以此为龙头,带动当地经济的发展[101]。

三岛町位于日本东北地区福岛县西部,土地大部分为山地,是典型的过疏山村。三岛町曾经一度陷入衰落,从二十世纪五十年代人口就开始减少,发展出现停滞,人口老龄化严重,青年出现"结婚难"现象。六十年代电视的普及使当地居民减少了传统的住民组织活动,七十年代私家车的普及又加重了离乡热潮。农业的机械化在一段时间内实现了较好的经济效益,但是,随着农业生产资料的上涨,蔬菜种植等副产品农业产业陷入危机。之后,由于木材的国内需求量增加,桐木身价一路飙升,于是,村民们将所有土地都栽上了桐树。但不久以后,日本进口政策发生了重大变化,开始从国外进口桐木,桐木价格开始下滑,本地经济再受重创,这种单一产业的做法不再可行。由于其山地如鸡窝状分散的耕地特征,农业机械化的效率和经济效益远远比不上平地,因此,很多农民部分或全部放弃农业,开始从事公共基本设施的建设,以取得较高的收入。三岛町政府的基础设施建设事业同时带来了利与弊:增加了当地的就业岗位,但养成当地居民的依赖思想,缺乏创新能力。

三岛町政府为了转变这种局面,和国内的一所大学展开合作规划,采用当地旅游业对外招商的方式,引入外部资金进入当地。尽管在短时间内旅游业有了很快的发展,但经济收益大多流向了外地,当地居民从该模式中获利甚微。

为振兴三岛町地区经济与文化,宫崎清教授将多年研究的地域问题成果总结为"地域振兴,人心之华",并且在三岛町开展了一系列的复兴运动,囊括了当地经济社会的方方面面。"造乡运动"其实是一场"旅游复兴运动",是以吸引都市居民到三岛町旅游的方式,开发旅游业,达到"观光振兴"目的。这是一种不同于以往的旅游观光模式,类似于会员制,城市人在每年缴纳一万日元后,就拥有了当地町民的身份,作为一名特殊居民,和当地一家原居民结成对子。在任何时候都可以前往对子家居住,体验当地的乡村生活,同时,其在当地享受的待遇和当地居民相同。"生活工艺运动"是围绕本地桐树资源的再开发展开的。为了利用地域的产业优势,政府立足于当地的桐树资源进行经济活动,通过建设桐木加工厂,生产高档桐木家具,产品销往国内各大城市,取得了良好的经济效益,并且山林里自然生长的蔓藤也得到了充分利用。当地建有生活工艺馆,专门为当地居民传授各种手工工艺制作技术,并提供实行场所和制作工具,居民们可以定期前往学习和练习制作,并在这里进行技术和信息的交流,大大丰富了当地居民手工艺的种类和技术,使当地出产的工艺品的质量得到大大提升(图 4-3)。

图 4-3 三岛町故乡会津工人节

"有机农业运动"是针对三岛町耕地小块且分散的特点,以及当地农业从业人员不足的现实情况,开展的以多种类、少量生产方式为中心的有机农业运动。这项活动与多个协会、机关团体展开密切合作,组成了"有机农业朋友会",每周一次举行有机农产品展销会。此外,还开展了"地区自豪运动",旨在倡导当地保护传统文化,积极举办各类传统文化习俗活动,树立起家乡自豪感,提升文化自信;还有一类"保持健康运动"的运动,是因为考虑到三岛町进入到"老龄化"社会的现实,"保持健康运动"旨在提高居民健康意识,减少疾病,降低医疗费用,延长平均寿命,提高居民身体素质。

总结在三岛町开展的一系列活动,可以看出,地域振兴运动的要点是:

第一,重视传统的生产和生活方式,以开发本地资源为振兴经济的手段,开发特色产业,实现经济效益。

第二,让全体居民都参与到振兴活动中,并且让每个居民都能够思考,为地域振兴计划贡献力量。

第三,重建地域的文化自信,让居民为自己的故乡感到自豪,让过疏的农村变成居民们乐意生活的场所。[92]

2. 我国台湾地区地域对策及演变过程

1) 我国台湾地区地域对策

在我国台湾地区,传统乡村中的自然聚落历史久远,居民彼此间基于血缘关系或地缘的关系,以宗族为纽带,结成紧密的联系,从而形成了围绕祭祀中心而居的空间布局形式,并以此为基础,建立起各种社会关系[102]。二十世纪七十年代,我国台湾地区经济快速发展,这种发展以牺牲环境质量为代价。1980年后,我国台湾地区经历了与日本二十世纪五六十年代类似的经济巨变,都市"贫乏性富裕"和乡村"过疏化"成为困扰台湾地区的主要问题[103]。随着亚洲经济危机的爆发,出现了"社区自救"和"改善环境"等社区运动[104]。前者是由于"认同危机"所致,而后者则是因为生活环境质量较低引发的。

面对种种的地域发展与环境保护问题,我国台湾地区陆续出台了一系列的政策,从而促成了今天我国台湾地区农村经济成就,政策的演变先后经历了以产业发展为核心的增长型、以提高农户所得为核心的均衡型、以"三生"并重为目标的调整型、以社区营造为手段的再生型四次重大变迁[105](表4-3)。

表4-3　　　　　　　　台湾地区农村政策的演变

时间	1945—1969	1970—1989	1990—2001	2002年以后
政策类型	以产业发展为核心的增长型政策	以提高农民所得为核心的均衡型政策	以"三生"并重为目标的调整型政策	以社区营造为手段的再生型政策
政策内容	"三七五减租""公地放领""耕者有其田""农牧综合发展计划""统一农贷计划""农业机械化"	"现阶段农村经济建设纲领""加速农村建设九大措施""农业发展条例""稻米保证价格收购制度""提高农户所得加强农村建设方案"	"农业综合调整方案""农业政策白皮书""跨世纪农业建设方案""迈进二十一世纪农业新方案""社区总体营造""休闲农业设置管理办法""休闲农业辅导办法""休闲农业辅导管理办法"	"新故乡社区营造计划""台湾地区健康社区六星计划推动方案""新故乡社区营造第二期计划""营造农村新风貌""新农业运动——台湾地区农业亮起来"等

　　1945 年后，我国台湾地区的农业受到了严重的破坏，这一时期的农村发展政策的思路是以农业的发展带动工业，因此，一味追求经济效益成为当时农村发展的重点。这必然带来农村生态环境质量的下降。因而虽然经济条件得到了一定的改善，但是农民的生活质量随着环境质量的下降而有所下滑。二十世纪七十年代以后，当地政府开始重视农民生活质量，政策转向为加大对农村社区的福利建设，提高农民的生活质量，缩小城乡差距[106]。在之后的时期内，为农村提供完善的社会福利制度成为政府政策的指导思想，在制定当地政策时，开始从整体上对农村进行规划，注重农村的全面发展，致力于改善农民的生活环境，增加农民收入。由此出台了财政补偿政策。随着市场自由化的影响逐渐展现，二十世纪八十年代末，台湾地区不得不加大农产品的进口量，提出"照顾农民、发展农业、建设农村"的口号，实施生产、生活、生态的"三生并重"的政策，并且秉持"由下而上"的原则，尊重居民的自主意愿，强调居民的社区意识，以促进农村的可持续发展。为了推动农村经济发展，台湾地区乡村大力发展休闲农业，利用乡村的风光景色和特色农产品结合起来，吸引外地游客，有效地提高了农民的物质与精神生活水平，丰富农村人文活动[107]。

　　自 2002 年起，我国台湾地区农村农业发展转向了社区营造，"新故乡社区营造计划"政策目标着眼于六大层面，全面推动农村社区发展。此后，促进农村活化，提升农村整体发展，政策从指令性转变为指导性，强调居民的自主性，尊重农户的意愿，共同参与社区建设，实现农村的全面发展。

　　从台湾地区的农村发展政策变迁的过程可以看出以下几个特点：

　　其一，政策目标并不是固定不变的，在不同的社会时期，根据经济发展需要，不断进行调整，以充分挖掘乡村的潜力，发挥乡村的作用，提升农民的生活环境质量，构建和谐社会，从而促进整个社会的发展。

　　其二，政策的性质也发生了改变，从早先的"由上而下"治理转变为"由下而上"共同参与。在台湾地区，这两种方式兼而有之，作为社区自主管理的指导思想。再由社区当地组织提出农村再生计划，经过审核，制订年度农村再生执行计划。

　　其三，政策的核心始终坚持"以人为本"理念，农村发展以调动和激发农户的积极性和创造性为根本手段，社区建设"以人为本"才是发展和谐社区的根本。

2) 台湾地区地域振兴实践

社区营造的概念是从日本借鉴而来的。社区营造的核心就是在人与人、人与环境之间营造出和谐的关系。宫崎清认为,社区营造包含人、文、地、产、景五个方面,在营造过程中要兼顾当地人需求的满足、历史文化的延续、地理特色的维护、地域产品的开发和社区景观的创造[108]。社区营造不仅适用于农、山、渔村等后进地区的发展方式,也适用于地震等自然灾害后的灾后地区重建工作。日本与我国台湾地区地震频发,积累了一定的灾后重建经验,把这些经验融合进社区营造工作中,值得学习。日本的经验也不能完全复制到台湾地区。如果说日本社区营造主要从街区景观保存和公共设施设计参与两个方面入手,那么我国台湾地区的社区营造主要是从文化建设方面进行的。1994年,我国台湾地区采用"以文化建设推动社区总体营造计划"的措施,随后开展了一系列社区营造的实践。日本注重乡村文化发展。对其进行创意开发,使之成为凝聚民族精神的象征,十分有利于社区营造。在台湾地区的不少乡村中,缺乏这种地域特色文化,因此无法照搬日本的街区景观保存等方法,台湾地区在不断的摸索中探索出了以传统文化创意产业为主的发展模式和以生态旅游业为主的发展模式。

(1) 文化创意营造乡建——以溪头"妖怪村"为例。

我国台湾地区鹿谷乡溪头"妖怪村"是一个以文化创意为主的乡村营造案例,依靠当地的"妖怪传说",发展文化创意产业,在极短的时间内成为闻名全台湾地区的个性乡村景区,吸引了大量游客。传说是民间长期流传的故事,大多数故事有十分离奇的情节,但都明显地表达出大众惩恶扬善的愿望。乡村的传说文化可能不像宗教文化和少数民族传说那么闻名遐迩,但是其更加贴近民众的生活,在很多人心目中,传说也是"家乡"的一部分,从而可能产生更大的共鸣。妖怪村的命名起到了激发人们好奇心的作用,能够吸引游客,成为促进当地旅游发展,提升经济收益的一个重要工具。妖怪村的发展路径概括起来,主要包括:传说文化资源挖掘到传说文化符号化,再到文化产业化,形成商圈化,最终促进社区化。

溪头"妖怪村"(图4-4)的传说故事是说一位村民在上山工作时捡到了一只黑熊和一只云豹,并好心收养了它们。后来这位村民遇到了妖怪,云豹舍命救了这位村民的性命，而黑熊也在与妖怪的搏斗中失踪了。为吸引年轻群体，传说中的黑熊和云豹被设计成可爱搞怪的卡通形象，并作为妖怪村的吉祥物。其他妖怪主要来自动漫故事中，比如长鼻子天狗、七眼门挡妖、情酒鬼和山神山妖等。这些妖怪都被设计成了另类的搞怪形象。在整体风格构筑方面，村民将村社环境改建成与故事中的时代背景相符合。在形象设计完成后，妖怪文化的产业化主要在文化小吃产业、文化礼品产业和文化旅馆产业等三个主要产业中进行。文化创意社区是文化的符号化、产业化与商圈化共同作用的结果。[109]

图 4-4　溪头"妖怪村"示意

分析妖怪村的文化创意对社区构建的作用，有几点经验值得学习。首先，文化形象的辐射力量，包括名称、概念、定位、视觉造型等，并且这些形象是整个社区所共享的，能够与当地社区的文化氛围保持高度一致，并被当地社区的居民所认可。围绕着"妖怪"这个概念，居民可以充分发挥创意想象，设计出商业产品并展开营销，"妖怪文化"资源得到充分的利用，成为当地居民的共享资源，在为当地带来经济效益的同时，传说文化也得以进一步传承和发展。此外，妖怪村文创商圈的商业模式都是集中管理、开放经营的可持续模式，这样做的好处是既保证了整个文化形象的统一性和服务质量，又激发了当地居民参与的积极性。所有的景点都是免费开放的，但游客在观光中都会消费，进而创造了良好的经济效益。

（2）生态旅游营造乡建——以南投"青蛙村"为例。

"青蛙村"是一个以生态旅游模式发展起来的乡村营造案例（图 4-5）。桃米社区原名桃米里，位于台中市南投县埔里镇，拥有森林湿地和多种动植物等资源。桃米社区的生态旅游发展模式是以 1999 年"9·21"地震灾后重建为契机。在地震发生前，工业化与城镇化使得桃米社区大量劳动力外流，因为镇上的垃圾填埋场位于村中，村民自嘲为"垃圾里"，此时的桃米社区是埔里镇最贫穷的村落[110]。在灾后重建中，当地非营利组织"新故乡文教基金会"采用"社区营造"方法，修复当地被破坏的生态，改善和规划生活环境空间。这种营造方式的基础是保持生态资源不受破坏，在此基础上开发特色旅游业，注重游客的体验，因此受到游客的青睐，旅游经济带来的收益让当地居民告别了贫穷，留住了当地居民。

图 4-5　台湾地区桃米社区"青蛙村"

桃米社区发展生态旅游业的经验主要有以下几点。

第一，地域丰富的生态资源与人文资源是前提。桃米社区具有丰富的生态资源，具有蛙类 21 种，蜻蜓 45 种，鸟类 72 种，另外植物类型也非常多。每个月都有特色风景，常年游客不断，没有旅游淡季。同时，桃米社区还设计了当地的形象吉祥物——青蛙。在当地人看来，青蛙具有勤劳、忍耐的品格，是他们的精神象征物。由此发展出以青蛙为主的特色工艺产品，如拼布青蛙等。另外，邀请专家为青蛙设计卡通形象，并且起名"忍者黑蒙"，受到了孩子们的欢迎[111]。

第二，公益组织的推动。不少公益组织都参与到桃米社区营造活动中来，有力地推动了社区的发展。主要作用有：首先，社区发展与生态保育相关专家学者对社区资源进行全面调查，给予"新故乡"建设工程大力的帮助；其次，积极寻求经费的支援与补助，构建社区发展的软硬件设备；再次，这些组织和人士以身作则，带头进行环保行动，起到了良好的示范效应，引导居民树立保护自然环境的理念；最后，通过开展各类传统文化宣传活动，形成社区凝聚力，和谐居民关系，积极参与社区公共事务。

第三，政策扶持和经费资助。政府在专家建议下，真正把资金开放给社区民间机构。这些机构根据当地的实际情况，制订了项目规划，然后提交资金申请材料。主管部门通过邀请相关专家对项目的可行性展开评估，并决定资金的发放。

第四，社区居民的积极参与。当地居民是发展的主体，在积极参与到建设的过程中，居民的自卑感逐渐消失，并由故乡自豪感取代，人与人之间的交流更加密切。专家积极为社区居民讲解生态环境相关知识和技能，经过努力学习，社区的居民成长为专业的生态解说导览员，社区居民对环境与生态的态度发生了彻底的转变。

3. 地域对策制定原则

纵观地域振兴对策与实践的发展历程，可以总结出一些经验和教训，在我国大量的地域振兴对策的制定中应强调以下原则。

1）发展与保护并重

我国很多地区拥有悠久的历史文化，或拥有秀丽的山川河流，在地域的发展过程中，应当重视保护当地的各类资源，让其成为当地经济发展的坚强保障，并实现可持续发展。在自然资源的利用方面，过去的发展方式影响了生态环境，后续的治理代价可能比发展带来的经济效益更巨大。在生态的资源利用方面，发展旅游业看似生态环保，但是风景秀丽的地方大多生态比较脆弱，随着游客的到来必定会对当地生态造成影响，因此在开发旅游业的过程中要限定范围与程度，以及限定开放时间,保证当地生态、动植物系统的健康。在历史人文资源的利用方面,不应该一味地"抢救"古建筑等资源,让其变为毫无生机的博物馆,而是以社区营造的手段赋予历史街区以活力,在保护的同时加以利用,创造良好的社会效益。

2) 本地居民的主体性

"自上而下"的政策通常对应于"外生的发展模式",但这种模式推行多数难以维持,并且将过度依赖外部资源(包括市场需求等),一旦外部条件发生变化,地域发展将面临停滞的风险。而"内生的发展模式"强调了本地的市场与需求,强调居民在地域建设中的主体性,实现一定程度的地方自治,提高物质生活条件,改善生态环境,提升生活质量的内在需求,成为地域建设的主力军。这种"自下而上"的发展模式能够从每一名居民的内心出发,提高其环保意识、增强其文化自信、提升居民素质,使发展更具生命活力。两种方式各有利弊,在灾后重建的初期,百废待兴,居民的自主性不高,乡村建设应以政府推动为主,采取"自上而下"方式进行效率最高;在一些地域乡村建设的中后期,居民手中已经握有一定资金,比如浙江众多经济较为发达的乡村,应以居民自主为主,采取"自下而上"方式。

3) 非营利组织、民间机构的推动

在地域建设过程中,需要制订科学合理的整体社区营造计划并有效实施。在发展过程中,需要调动社会多方面的资源,包括专家学者的调查与分析以及在此基础上的规划设计,争取政府及民间的资金来源,联系企业进行市场商业运作,调动当地居民的参与积极性等方面。这些事无巨细的工作需要有专门的机构推动,政府来担当这样的角色是不合适的,而民间机构或者非营利组织是比较合适的。

4) 政策目标的与时俱进

政策的制定不是一蹴而就的,外部市场环境、自然环境变化甚至自然灾害等都有可能影响到政策的适宜性。日本基本上是每十年重新制订地域振兴计划,而在我国台湾地区更加灵活多变。实际上,政策目标的制定需要在整体的、长期的、系统的发展规划的背景下,进行定期的、有效的政策调整和创新,以适应国家和地区的发展需要。

4.2　乡村价值与建设模式

1. 乡村价值的再挖掘

在地域建设的过程中，乡村社区营造已经逐渐成为主流的发展手段。而其中至关重要的一点是对当地特色资源的挖掘。通常所说的乡村资源包括自然资源和历史人文资源，近年来更加突出了以观光为主的"生态旅游资源"。在对这些资源的挖掘过程中，事实上也是对乡村在新时代、新常态下价值的再认识。如今的乡村已经不仅仅是农产品的生产基地，在发展和环境矛盾日益严重的情况下，乡村还肩负着水土保持、水源涵养、景观形成、文化传承等重要角色。在城市化进程进行到一定程度时，经济增速放缓，乡村建设还承担着创造新的经济增长点的重担。因此，在这种情况下，对乡村价值进行重新认识具有重要的意义。

根据日本乡村"过疏化"研究，乡村资源可归纳为"人、文、地、产、景"五类资源（图 4-6），可总结为乡村的产业价值、文化价值与景观生态价值。

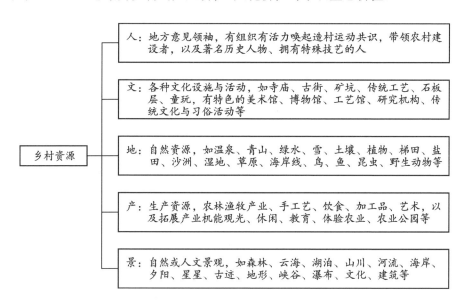

资料来源：王国恩《展现乡村价值的社区营造——日本魅力乡村建设的经验》

图 4-6　乡村价值：五类资源

1) 乡村的产业价值

乡村的产业价值包括传统农业价值及工业价值。传统农业方面,在城镇化和工业化进程中,经济功能不是乡村的核心功能,农业生产依旧是乡村的根本职能和优势。但在新时代背景下,乡村的生产方式已经发生了根本的变化,农业机械化解放了劳动力,并且促使乡村产业进行整合,以承包制进行经济作物的种植,而散户的种植面积日趋减少。农地改革作为前提,提高土地的集中率,从而为实现农业生产的规模化打下基础,提升农业生产效率。同时,完善农业配套体系的建设,形成从生产到销售的一条龙配套服务。随着技术的革新,传统农业模式被多元价值的新模式所代替。因此,推动农村的可持续发展,建设美丽乡村,就要保持多元思维,全方位挖掘乡村的价值,解决当下农业和乡村经济发展落后的问题,同时,提升其生态环境质量,使乡村的产业价值得到延伸。

乡村的产业价值还体现在乡村工业化价值上。如今城市——乡村的二级对立已经打破,很多原本是乡村的地区出现了城镇化进程,同时,这些地区还保留着很多乡村的特征。乡村的工业化是其中主要的原因。近年来,不少企业入驻乡村,为当地的农民提供了大量的工作岗位,一方面能够提高农民收入,另一方面深刻改变了乡村的产业结构和就业结构。在发展过程中,因为乡村土地资源和人力资源相对便宜而降低了生产成本,同时因为现代化进程基础设施建设,降低了物流的成本,在总体上取得了效益。

2) 乡村的文化价值

乡村包含两方面的含义:一方面是有形的物质,主要表示的是一个地域空间;另一方面是无形的文化,表示的是一种和自然相伴的生活方式。乡村的文化价值体现在物质与非物质两个方面。物质方面包括寺庙、古街、民居建筑等,物质文化是乡村文化的直接体现。由于发展后进性问题,乡村反而可能保存着较为完好的传统物质文化,这些物质文化资源应当得到挖掘和重视。若在发展中遗失了这种价值而成为后代考古研究的对象,将是非常可惜的。只有发展与保护并重,才能真正唤醒乡村活力。将有形物质文化保存下来,也有与之匹配的非物质文化活动。乡村的非物质文化包括手工艺、习俗活动、传说、生态观等,体现了乡村居民的生产、生活、哲学观等方方面面,具有很高的文化价值。很多的习俗仪式或许已经不适合时代，或者说其功能性已经无关紧要，但作为一种象征，正是很多人心目中"家乡"的重要组成部分。在宏观层面，伴随着人口流入城市而带来的是城市过密和乡村过疏问题；在微观层面，远离家乡的人们及留守的儿童或者老人精神上的孤独感也是日趋严重的问题，"乡愁文化"应运而生。这也是短期游中像"农家乐""民宿"等形式的旅游受到欢迎的原因。

乡村文化价值的挖掘须结合当地的文化特色。若是强行将一个乡村与毫无关系的文化形式相关联，难免有生搬硬套的嫌疑。虽然也有异域小镇成功的案例，比如越南的沙巴和日本长崎的豪斯登堡，基本打造了有别于当地建筑风格的西式城市风貌，也成为了当地的特色。或是因为曾经的历史因素，或者是因为遭到地震等自然灾害，在城市建造和重建中更多加入了异域的元素。但这种做法造价非常高，若不是经历长久发展或者有雄厚资金支持是无法实现的；传统的本地文化在这种彻底的改造中也将受损，是不值得提倡的。此外，创意文化的挖掘也应当系统进行。比如前文提到的我国台湾地区溪头"妖怪村"和西班牙的"蓝精灵"小镇，虽然看似怪异，实则其产业与文化均有其内在关联，游客和居民都比较容易接受这种假设，从而会更积极地参与其中。

3）乡村的景观价值

乡村的景观价值包括自然生态景观和人文景观两个方面。自然生态包括森林、水系、农林渔牧生产、建筑、园艺及民俗文化等乡村特色景观等。乡村的生态景观、生产景观、乡村聚落景观、民俗文艺景观等构成了复合乡村景观系统，形成了乡村各种形式观光旅游的基础。乡村应根据自身地域中的景观特点进行开发。我国的地形地貌形态丰富壮丽，具有多样性和典型性，如丹霞地貌、喀斯特地貌、风蚀地貌、河流地貌等。除了这些典型的知名地貌，还有最常见的湿地景观，在发展中更进一步认识到湿地在保持生态多样性方面的重要性，因此在"退耕还湖"等保存湿地举措的同时，将其景观价值加以开发。除了这些自然景观以外，人们的活动产生的景观比如形成规模的建筑群、农作物种植、乡土文化习俗等人文景观均能够加以开发利用，进一步挖掘乡村价值。

2. 乡村建设模式

总结世界各地的乡村社区建设或营造模式，结合上述三类乡村价值，可以归为产业乡建、景观乡建及文化乡建。另外近年来在各种乡建中独具一格的艺术乡建也是很有意义的尝试。

1）产业乡建

产业乡建要求挖掘当地特色产业，农村产业不再局限于农业与工业，出现多元化趋势。产业乡建通常采取产业与观光旅游业并重的发展模式，将产业本身作为地域特色招揽游客，同时带动周边相关产业的发展。

瑞士的拉绍德封是闻名世界的制表圣地(图 4-7)。它的钟表专业学校与日内瓦钟表学校并称双雄。在十八世纪至二十世纪，拉绍德封诞生了数个钟表名牌，包括芝柏、雅典、百年灵、玉宝、摩凡陀、杜彼萧登、劳力士等。除了钟表，拉绍德封还是音乐盒的诞生地。1780 年，钟表工匠 Pierre Jaquet-Dorz 发明了音乐盒[112]。如今，瑞士手表仍然是高质量的代名词，是工匠精神的写照，也吸引了大批的游客到此观光。类似的手工艺小镇还有意大利的穆拉诺，是著名的玻璃小镇[113](图 4-8)。我国也是一个匠人辈出的国家，传统的工艺美术作品受到全世界的热爱。特别是江南，自古以来就是工艺活动、工艺文化繁盛的地区。江南的造船、丝织、刺绣、织锦、玉雕、漆器、陶瓷、紫砂、家具、酿酒、造园等"百工之事"都体现着中国当时最高的工艺水平。江苏在 2007 年被中国民间文艺家协会授予"东方工艺美术之都"的称号[114]。因此，江苏省、浙江省等江南地区的乡村建设可以从这方面入手。

图 4-7　瑞士拉绍德封国际钟表博物馆　　图 4-8　意大利威尼斯穆拉诺玻璃作坊

　　除了传统产业与旅游业结合,运动健身与户外旅游也能够很好地结合并发展成为效益良好的产业。比如美国的盐湖城户外用品产业(图 4-9)。在我国浙江宁波市的宁海县也在打造类似的户外活动用品产业和户外旅游产业。宁海县三面环山,山上有很多古道,是《徐霞客游记》的开篇之地,很多游客慕名而来,在这里登山(图 4-10)。借用这一优势,宁海县开始修建登山步道,从 2009 年开始,500 千米的登山步道不断扩张,使其成为小有名气的户外旅游地。随着登山群体不断壮大,本地户外装备企业也随之发展。宁海县的深甽镇是登山杖的生产基地,产量达到全国的 75%。宁海县的户外运动还衍生出服务业和餐饮业。由于其拥有温泉和古村落资源,还有独具特色的油菜花梯田,民宿也得到了较好的发展,文创产业也逐渐成为发展的一个重点。除此之外,乡村建设还能够与电影产业结合,最著名的例子莫过于美国的好莱坞(图 4-11)。近年来,我国的电影产业发展大家有目共睹,陆续建成了以横店影视城为代表的十大影视基地(图 4-12),这些影视基地都具有各自的特点,通常也是当地有名的观光旅游目的地,并且随着电影电视剧的播出而声名远播。目前,我国的电影产业还有很

图 4-9　盐湖城户外用品展

图 4-10　浙江宁海登山步道

图 4-11　美国好莱坞　　　　　　　图 4-12　横店影视基地

大的发展空间,相信将来也会有越来越多的影视基地诞生,电影相关产业也将带动当地产业发展。

2) 景观乡建

有特色的风景地貌景观是摄影师的最爱,摄影师与画家最擅长发现美,通常自然风景被创作成为艺术作品后比实物更美丽,也更具风情。比如浙江省西南部的丽水,这里以丘陵地貌为主,其中海拔 1 000 米以上的山峰有 3 573 座,被誉为"浙江绿谷",并荣获"中国优秀生态旅游城市""浙江省森林城市"等称号。丽水的出名是因为一幅名为《瓯江帆影》的摄影作品(图 4-13)。随后,丽水出现了

图 4-13　《瓯江帆影》摄影作品

多达 25 个摄影创作基地，前来摄影的游客络绎不绝，与摄影相关的行业也得到发展。举例来说，很多照片拍摄需要有烟雾缭绕的效果，这就会有当地居民拿着松香放烟。由于摄影对光的要求很高，很多摄影师追求"曙暮光"拍摄，因此通常需要住宿，民宿或旅馆业也因此发展起来，小镇经济围绕摄影产业活跃起来。

除了自然环境优越的地区，有时简单到一种颜色也能复兴一个地区。西班牙的马拉加省达龙市胡思卡原本是一座普通的小村庄，房屋墙壁跟其他村庄一样是白色。在 3D 电影《蓝精灵》宣传时，因为盛产蘑菇而被选为电影的宣传地。索尼公司给村庄提供了 4 000 升蓝色油漆，要求胡思卡把房子外墙壁全部粉刷成蓝色，并答应宣传结束后再重新刷成白色。意想不到的是，电影的宣传让这里名声大噪，大量游客来到这里观光游览，蓝色外墙壁被保留下来。当地居民借势在当地加入了更多蓝精灵的元素，在墙壁上绘制了很多可爱的壁画，建成了蓝精灵主题旅馆，让游客深入体验，将传统的蘑菇节活动也加入了蓝精灵元素（图 4-14）。这样的案例看似偶然，实际离不开电影 IP、地方自然与文化资源等共同作用。

图 4-14 西班牙马拉加省胡思卡

此外，一些地域内保存的古村落也能成为乡村建设的主角，称为"风貌乡建"。并不一定是历史文化价值非常高的景点才能担此大任，只要是小有规模和特色的景观即可。比如前文提到的日本白川乡合掌村，并不是古代社会达官显贵的住所，而是普通老百姓的民宅，可是当地将合掌屋资源运用的淋漓尽致，保护与开发利用并存的模式一方面为合掌屋做了很好的宣传，另一方面观光旅游的收入也为合掌屋的保护提供了资金。我国具有非常丰富的古建筑资源，经历了近代的战火以及现代化进程中的大兴土木，很多古建筑都消失了，但是仍有一些偏远的地区因为交通不便等因素，反而保留着较好的古村落风貌。比如安徽省的西递、宏村，以保存良好的传统风貌而被列入世界文化遗产（图 4-15）。江西婺源的古村落建筑也非常有名。此外还有广东的南瑶寨、福建土楼（图 4-16）等。这些地区的乡村建设风貌值得加以研究与利用，在建设过程中要特别注意古建筑的保护与合理的开发。

图 4-15　安徽宏村

图 4-16　福建土楼建筑群

异域小镇是景观乡建中的"另辟蹊径"的方式。所谓异域小镇，就是其风貌呈现出与周边完全不同的形式，就像置身于异域世界一般。这种模式特别适合当地没有强势的产业和景观的情况，常见于灾后重建的实践中。越南的沙巴大量的避暑山庄处处是法式建筑，成为越南著名的避暑胜地。除了欧洲建筑，欧洲文化在这里也得以被完整保留。此外，这里有着优美的风光和怡人的气候，一直深受西方游客的喜爱，每年大量的欧洲游客来此度假。有"异域"的地区可以好好利用，没有"异域"的地区也有"创造异域"的成功案例。1945 年，日本在长崎建起了山寨版豪斯登堡。在这里，你可以一日之内看遍荷兰，甚至你还会拿到一本护照，颁发一个荷兰"签证"。在我国汶川特大地震的灾后重建中，也出现了这样一个异域小镇，这就是四川省彭州市白鹿镇，"打造特色浪漫风情小镇"的构想出现在白鹿镇的重建创意中，当地政府将该建设和规划业务全盘委托给福建省厦门市援建队。在出台的规划中，主要围绕着上述的构想展开小镇的建筑风格设计，并建造了彭州龙门山地震遗址公园。建成后的小镇因为其异域特色招揽了大量前来观光的游客（图 4-17）[115]。

图 4-17　白鹿镇欧式风情小镇

3）文化乡建

　　文化创意产业是新常态下最具潜力的产业之一。因为其成本低廉，对地方资源没有特定要求，具有较强的可复制性，并且辅助其他模式的乡建，能够达到非常好的效果。文化创意包括的范围非常广，在一些没有特色产业也没有景观风貌的小地方，对乡村文化进行挖掘，总会有一些名人、名画、戏剧元素，传说故事也能成为文化乡建的主角。前文提到的我国台湾地区溪头"妖怪村"就是一个例子。在美国的新英格兰地区，有一个萨勒姆小镇。当年的流行病被误认为是女巫所为,因此错杀了许多所谓的"女巫",女巫的传说因此被流传下来。现在萨勒姆借助女巫文化发展文化创意产业和观光旅游,以女巫之名打造独具特色的女巫万圣节。在这里,你还可以参加女巫主题派对,参观女巫博物馆等(图4-18)。

图4-18　萨勒姆女巫博物馆

在英国,有一个黑乡博物馆,它曾经是伯明翰旁边的一个煤矿小镇提普顿。黑乡博物馆把维多利亚工业时代的小镇面貌完整保留了下来,无论是建筑的外貌,还是街道的布置、行驶的车辆,就连当地居民的装束和生活习惯,都和工业革命时期的英国保持着高度一致。整个小镇就是一座露天博物馆,来此地参观就好像置身历史之中,让人们有机会亲手触摸历史的痕迹(图4-19)。

图4-19　英国黑乡博物馆

名人、名画小镇是非常常见的一个乡建模式。一般在旅游景区有很多"名人故居"。莎士比亚是英国最著名的文学家，在英国乃至整个世界都享有极高的声誉，在他的故乡斯特拉特福德镇，人们为了纪念这位伟大的文学家，将居住地改名为莎士比亚小镇（图 4-20）。在这里，你可以找到关于莎士比亚的一切，甚至包括他笔下的各种人物等。在这里聚集了一群莎士比亚迷，

图 4-20　英国"莎士比亚"小镇

每个餐厅、酒馆里都能找到大段大段朗诵莎剧的人。汤显祖被称为"中国的莎士比亚"，其代表作《牡丹亭》享誉世界。在浙江遂昌将建成汤显祖戏曲小镇，届时也将为名人乡建模式积累实践经验。以名画为主题的乡村建设模式有一种叫作"反写生"的方式，就是把画作中的场景真实复现出来。比如梵高的《星空下的咖啡馆》画中的镜像在普罗旺斯的小镇阿尔勒被复现（图 4-21）。在我国，也有大量的诗歌与名画，能够以此方式复现。

图 4-21　梵高《星空下的咖啡馆》场景

4）艺术乡建

如果区域内没有产业资源、没有景观资源，也没有文化资源，乡村建设是否就无路可走了？回答是否定的。其实，完全没有任何资源的地区是不存在的，只要深入挖掘，有时还需要"小题大作"。除了上述的各种乡建方式，艺术在某些乡建案例中成为了主角。艺术介入型乡村复兴机制（简称"艺术乡建"），就是以艺术作为媒介手段，邀请外部艺术家驻村进行艺术创作，其灵感来源于乡村，村民协助并参与到艺术创作中，与前来欣赏艺术作品的游客进行互动。需要指出的是，相对于系统的乡村建设与振兴计划，这种艺术介入手段只是一种局部的干预手段。日本的乡建模式之所以能成功，一方面是因为他们有几十年不断更新的法律保障和基础设施建设的成果，以及多年来人口过疏化对策实施的成效作为前提；另一方面，由于自幕府时代以来的地方自立传统。因此，2000年以后相继出现了新潟县"越后妻有大地艺术祭""横滨黄金町社区改造计划"，2010年又举行了"濑户内海国际艺术祭"和2011年的"艺农计划"，都取得了不错的成绩。这些乡建项目的基本特点是，商业资本整体策划，邀请艺术家入驻乡村，与当地居民一起进行艺术创作，产出的艺术作品又吸引游客前来乡村观光，用旅游拉动消费和地区发展。这是一种多位一体的系统工程，艺术必须要与其他因素一同发挥作用。

我国台湾地区的南投县草屯镇，早期因为生产草鞋著名，过往商人都要在这里更换草鞋。然而，随着时代的更迭，稻草编织技术渐渐衰落，几近失传。当地政府为了保存草鞋屯地区的传统文化，成立了"草鞋屯乡土文教协会"，开展了一系列文化活动，举办了"草鞋屯国际稻草文化节"，推动了草鞋屯的文化产业发展。基于草鞋屯地区的历史文化背景以及社区居民的参与，以"草编"为切入点，在推广初期，培养种子教师作为协助发展稻草文化的生力军，同时通过举办各项活动凝聚地方居民共识。草鞋屯国际稻草文化节的主要推动机构包括台湾工艺研究所、南投县草鞋屯公所、南投县草屯镇农会、草鞋屯乡土文教基金会，并由草鞋屯镇内各级学校、办公室及民间赞助团体协助办理。活动内容大致包括稻草创意比赛、稻草手工艺展览、亲子趣味竞赛、草鞋编织教学、艺术团体表演、田野活动、草鞋屯地区巡礼、摄影写生成果展、农产品销售会等。草鞋屯稻草文化节的许多活动是外界艺术家与当地居民一起完成的，在当地形成了较好的精神文化风气，营造了地方人文精神；稻草文化节有效利用水稻带动产业文化的发展，达成农村、农民、产业、文化一体的结合，共同构成当地产业文化的振兴；同时，这种利用稻草的创意方式，提高了人们对于稻草秸秆利用和环保的重视。[116,117]

日本新潟大地艺术三年展和我国台湾地区的草鞋屯国际稻草文化节均是以"艺术节"或"文化节"的方式振兴地域文化，发展地方经济。二十世纪九十年代，日本经济泡沫破裂，经济一蹶不振，日本政府尝试推动地方产业发展带动国内经济，这个实践直接催生了"越后妻有大地艺术祭"。该活动为期 3 年，属于"艺术项链计划"中的一个环节。其产生的原因是，1997 年，新潟县下辖的地区产生了用艺术和文化手段带动当地乡村发展的构想，于是，提出了这项活动计划，艺术展在经过周密的规划后诞生了。数据显示，在举办的五届活动中，共有一百多万人观看了展出，新潟县收获了 35 亿多日元。[118-120] 在综合考虑了地域振兴的各种途径后，文化和艺术的手段被视为最生态环保，以及看似最容易实现的一种。但是，经过前文的分析，我们可以看到，这种模式不是随便可以复制的。事实上，艺术界早已认识到艺术手段只能是地域振兴这个系统工程的局部干预，整个地域振兴计划需要政府的主导、科学的规划、合理的开发模式以及社会各界人士的积极参与。

相比之下，我国的艺术乡建项目还处在比较早期的阶段，由于缺乏政府主导，目前，国内有些艺术乡建项目基本属于个别艺术家个体的实践，在进行艺术介入之前往往还帮助村民进行一定程度的基础建设。比如渠岩的山西"许村计划"（图 4-22），在艺术家进行改造前，这个小山村保留着较为完整的传统民居建

图 4-22　"许村计划"

筑,由于历史悠久,这些建筑具有很高的文化价值。但是因为年久失修,修缮的成本往往比重建高得多,加之村民对古建筑认识不足,以及对现代化生活的向往,传统民居建筑消失速度非常快。在这种情况下,帮助村民对房屋进行外观修缮、内部进行现代化改造,在抢救古建筑的同时让村民过上舒适的生活,这增加了该地区村民的文化自豪感。此后,艺术家还穷尽其一生的资源邀请几十位国内外艺术家前往许村进行艺术家驻村活动。[121,122]虽然在一定程度上改善了当地居民的生活,扭转了一些思想,但是很明显可以发现,直接复制日本的艺术乡建模式似乎行不通。一方面,没有多年的基础建设,另一方面也缺乏专业的商业运作,经费紧张,并且无法扩大知名度,因此"许村计划"效果不明显。相比之下,晚了五年的"碧山计划"(图4-23)要有名的多,因为其策展人在一开始就推出同名刊物《碧山》,因此在艺术节和知识分子人群中的知名度比较高。[123-125]但是其影响力仍然比较有限。在当今时代背景下,只要是在乡村从事此类艺术活动或者策划此类展览,多少都会被贴上"建设乡村"的标签,这也许不是艺术家本意。但是由于基本条件不具备,他们不得不去做一些他们不擅长的事,这样做效率非常低下,并且耗费了艺术家过多的精力。

图4-23 "碧山计划"

中国的乡村,除了和世界其他地方的乡村一样有人口减少、老龄化严重的问题以外,还面临着乡村物质与精神文化的长期被破坏导致的文化与信仰断层问题。物质基础和经济能力被认为是衡量成功的唯一标准,不想离开乡村的年轻人被认为是不思进取者,如此乡村永远只能是落后、贫困、凋敝、寂寥的代名词。

这种乡村的孤寂感是物质充实也无法填补的。因此，中国的艺术乡建还被赋予了乡村精神文明建设的重担，如果能好好利用，能够增加当地村民的文化认同和自信，从而为根本的重塑思想提供前提。另外，如果暂时不能吸引外出打工的父母回乡，也能在一定程度上让留守儿童借助艺术媒介与外界产生沟通，提高艺术素养。从近几年的实践看，进入乡村的艺术通常为当代艺术，很多当代艺术批判的概念对于村民来说可能是第一次接触到，因此缺少理解的过程，村民对此真正的态度还有待观察与研究。

4.3　秸秆在乡村建设中的利用

前文归纳的四种乡村建设模式更多的是从"再生性资源"广义的概念出发，包括了有形的和无形的资源。从发展观光旅游业的角度，产业资源、景观资源、文化资源和艺术资源均可以成为开发的对象。但若从狭义的"再生性资源"概念出发，以秸秆为媒介，将秸秆资源利用与乡村建设作如下考量。

1. 秸秆与产业乡建

秸秆资源的产业乡建属于前文提到的秸秆资源利用四个层次中的"技术伴生发展利用"和"产业化利用"。秸秆"简单再利用"的产业化的一个案例是前文提到的平度新河发展草编工艺品产业，规模较大，因此也成为产业化乡建的一种方式，但这种方式受到市场饱和度的制约而可能无法被其他地区复制。此外，在产业乡建方面，主要是秸秆资源的产业化，在前文提到的秸秆"五料化"（燃料、饲料、肥料、工业原料、基料）利用，和"新五料化"（新型科技能源材料石墨烯、新型3D打印材料、新型医药化工材料、新型可降解材料和新型健康食品材料）利用都是可行的方案，各个地区可以根据自身的区域特点和优势选取合适的利用方式。虽然目前秸秆资源产业化利用还存在各种技术难点，但我们也看到了"诺菲博尔麦秸板"和"星美秸秆草毯机"比较成功的产业化案例。拥有大量秸秆资源的地区必定种植大量的农作物，如今农业结构升级转型，这样的农场基本都是种植经济作物的大型农场。与有规模的农场经营者进行合作，也降低了秸秆资源收集的成本。当然，其他方面的利用还需要科研力量和资本的投入，资本方面除了政府扶持，也要引入民间资本。期待科技的进步能够带动秸秆资源的利用和产业化,推动当地经济发展。

目前,由于技术限制,秸秆资源的利用总体上还处在"技术伴生发展利用"阶段,并没有形成特别强势的"产业化利用"状态。如果就产业化来说,与人居环境设计的各个方面相结合,未来可行的产业链发展应该是秸秆材料作为产品和建筑的材料,同时衍生出上下游的相关产业链和作为商品的服务。在新技术和新材料的产品化和产业化方面,一般都有一个应用和推广的过程。以下通过对秸秆新型材料的研发、在创新设计领域的探索等研究的回顾,结合前文总结的产业乡建经验,探讨秸秆材料与乡村产业乡建的结合点和可能性。

1) 秸秆作为产品原料

秸秆作为产品设计材料,主要表现在产品表面处理、产品设计、包装设计、家具设计、服装设计中。秸秆材料衍生出的木塑材料在汽车内饰领域有比较广泛的应用,木塑材料在薄壁情况下能够轻易加工出光滑的弧度及复杂的形态,并且通过调节混合比例可以制造出不同视觉效果的纹理图案,

图 4-24　秸秆抽拉坐凳

在汽车内饰中作为仿木装饰材料使用[126]。在日用品设计领域,有关学界和业界也作出了相应的尝试。一项研究尝试通过秸秆的色彩语义分析指导秸秆人造板作为工业产品设计材料,并成功设计出秸秆抽拉坐凳的案例[127](图 4-24)。另外一项研究也采用了感性寻求研究方法,对秸秆材料的设计属性进行探究,并尝试将秸秆与其他材料结合使用,创造出多种新型产品外观形态[128]。利用秸秆的天然生物降解性能,秸秆餐具的加工工艺也得到了研究,并且工艺简单,造型能力强,可自行降解为有机肥料,降解速度快且安全环保[129]。除了一次性餐具,一次性可降解的秸秆花盆也得到研制[130]。

在包装设计领域,秸秆材料的利用方式有外部包装材料和内部填充缓冲材料两种。作为外部包装,传统的秸秆简单再利用,如编织工艺非常适合秸秆材料加工,并能够很好地保留秸秆环保、质朴的特征,与包装设计相结合不仅可以体现地方特色,还可以促进包装设计多元化发展[131]。此外,秸秆瓦楞原纸已研制

成功,使用的原材料包括玉米[132]、棉秆[133],结合工业设计能够创造出结构强度高且外观形式创新的包装设计产品,有助于产品的市场化。在包装的内部缓冲材料方面,经过技术处理的秸秆材料可以直接作为缓冲包装解决方案,替代原有的泡沫塑料或纸质填充材料,助力环保工程。[134]

秸秆人造板作为家具设计材料,已经被用于板木结构的美式床具设计[135],整体衣柜设计[136],以及其他的办公家具、客厅家具、厨房家具等[137]。在服装设计领域,棉麻等常见制衣材料来自于植物原材料,而在配饰方面也常常见到直接使用秸秆材料的案例,如草帽、草编鞋底、手提包等。在新型服装面料的研究方面也考虑到秸秆材料的应用,并出现了稻秸纤维和麻纤维混合非织造的研究[138]。除了这些直接的产品设计利用方式以外,秸秆材料在产品设计领域的应用还有其美学价值,它代表了一种生态美学价值观,倡导人们欣赏自然之美,在消费行为方面让人们自觉去选择资源友善型产品,从观念上形成一种持续发展共识。[139,140]

若将上述提到的秸秆产品设计和生产制作产业引入乡村地区,不仅能够为当地创造就业机会,更是将乡村随意丢弃的秸秆资源变废为宝,遏制焚烧等不恰当行为,保护环境并且使秸秆发挥出更大价值;同时,由于乡村居民身处这些环保产品的制造和销售场景中,也能够培养其更健康环保的消费观,从而提高乡村居民生态环保和可持续发展的意识。另外,秸秆产品的设计与生产成为地区的主打产业后,结合观光旅游可以兜售乡村其他的自然与人文资源,便于携带的小型特色产品非常适合作为旅游纪念品,从而进一步拉动地区消费与经济活力。

2）秸秆作为绿色建筑、生态建筑材料

秸秆作为建筑材料的物理、化学特点在前文已经有所交代,这里就不再赘述。秸秆或者加工后的秸秆材料作为绿色建筑、生态建筑材料,参与到建筑领域的各个方面。在秸秆墙体材料方面,由于秸秆的天然物理、化学特性有着种种优越的性能而受到重视[141]。秸秆混凝土由于在阻燃、保温、吸音等方面有着卓越的性能,因此得到了大量研究人员的关注[142-144]。由于秸秆具有一种由木质素和硅石组成的具有防水特性的腊质细胞膜质,因为其含硅量较高,腐烂速度极其缓慢,适合制成建筑用砖,不同的配比及不同的秸秆原料在秸秆制砖领域均有研究。[145,146]秸秆草砖可与轻型钢结构很好地结合,建成新型节能住宅形式,在农村地区有着广泛的适应性。[147,148]除此之外,棉秆复合材料[149]、秸秆石膏复合材料[150]、定向结构麦秸板、稻秸秆板材[151]、水稻秸秆纤维地膜[152]、秸秆装饰材料[153]等材料均得到重视,相关领域的研究成果层出不穷。

随着先进技术的普及,成本的下降,各方面性能都更为优越的秸秆相关建材必将得到更广泛的应用。考虑到运输成本和人力资源成本等问题,这些秸秆绿色建材的生产线更有可能出现在秸秆资源丰富的乡村地区,比如前文提到的诺菲博尔麦秸板的生产线就建设在中国陕西杨凌,因此必定会给当地创造更多的就业机会和更好的经济效益。此外,采用秸秆建材建造房屋,结合特色旅游等手段有很好的绿色建筑推广作用,比如2010年上海世博会的万科馆,采用诺菲博尔麦秸板作为建筑的外墙材料。正是由于使用麦秸板并配合圆筒的造型特点,使万科馆被亲切地称为"麦垛",其主题"尊重的可能"也在"材料—结构—空间"的推演中得到传递。

在前文中就已经提到过海草屋建筑群落如同合掌屋一样,有很高的景观价值。使用景观乡建思路,这些海草屋自然能够成为观光的对象。因为景观本身就是可以居住的房屋,因此自然而然能够联想到作为观光游客的住宿旅馆使用,从而发展特色民宿旅游或者乡土建筑旅游。但是由于其珍贵的历史价值,可能像合掌屋那样需要整栋和整村保留下来,而不能进行内部和外部过多改造。因此可以考虑在当地重新建造类似形式的房屋招揽游客。同济大学戴复东院士在二十世纪九十年代就进行了这样一场成功的实践。经过观察,戴复东院士发现胶东半岛的海草屋在建筑性能各方面中表现卓越,却因为其有些凋敝的外观及在海边捡拾海草会被人认为是贫穷的象征,加之传统的海草屋内部结构已不再适应现代人的生活水准,渐渐成为真正的"破草房"。为了挽救海草屋,他向当地政府提出了建造新型海草屋的设想,并建成了由七座海草屋组成的"北斗山庄"建筑组(图4-25),受到了海内外的好评[154]。后来,"北斗山庄"还结合当地温泉资源和原始生态林资源发展成为知名度假村。这种对传统的尊重以及将传统建筑形式中优秀的部分保留下来与现代先进建筑技术相结合的做法也受到了肯定,同时,传统建筑的绿色生态思想也随着"北斗山庄"品牌的传播而得到推广。秸秆作为绿色建材,在绿色建筑中得到充分体现。绿色建筑作为一个整体,又将其各个部分的绿色建材加以充分展示。特别是作为度假村,绿色建筑组成建筑群,能够作为一种景观现象而加强人们的印象。绿色建筑度假村形式是秸秆利用与旅游产业的结合。

图 4-25　山东荣成海草石屋"北斗山庄"

　　总结秸秆的产业乡建,首先应从秸秆综合利用的四个层次出发,包括"简单再利用""技术伴生利用""产业化利用""系统化利用"。技术发展是前提,除此之外,用科学方法将秸秆的利用产业化和系统化。除了在乡村的各个生产生活方面加强秸秆资源的使用,比如使用秸秆转化肥料,或者作为农业基料,或者转化为能源供乡村居民使用这些方法外,还应考虑秸秆的产品化和市场化。如今,各种材料技术的日新月异及市场对新材料、新技术的不断需求,因此应当使用创新设计理念和方法,使用秸秆材料或者秸秆复合材料进行产品设计及建筑设计。这不仅能够给当地带来就业机会,提高经济效益,而且能够拓展秸秆的产业化道路,带动相关产业发展,形成集群效应。秸秆产品和建筑又是非常好的传播媒介,能够吸引游客来到乡村,带动旅游业发展,增强乡村活力,同时又推广了绿色发展理念。

2. 秸秆与景观乡建

　　秸秆的景观乡建顾名思义就是将秸秆资源作为一种景观,吸引游客来到乡村旅游,从而拉动乡村经济发展。一般所说的"景观"在城市中的表现形式可能是精致的公共艺术或者造园技术,但在农村的表现通常更加粗犷与原生态,因此也更加壮阔。作为生态旅游景观的秸秆概念需要稍作扩展,我们认为农作物在它的全生命周期内均可以发挥价值。我国悠久的历史中诞生了非常多的就地取材的民居形式，其中很多使用了秸秆材料，这些保留下来的民居形式具有独特的景观特点，能够成为很好的观光旅游卖点。以下就这两个方面进行阐释。

1) 秸秆作为景观资源

这些地域风貌都是很好的摄影素材，一年中不同时间段的耕田本身就具有不同的色彩，不同形态的耕田在特定条件下更加绚丽多彩。根据不同种类，作物可以分为水稻田、小麦田、高粱田、油菜田、玉米田等；根据不同的形态，耕田可以分为平原耕田、梯田、现代化农业灌溉田等；根据作物不同的生长阶段，可以分为播种期耕田、生长期耕田和收获后耕田如麦垛等。这些不同品种的农作物生长的景象形成了不同的特色景观，甚至，作物的不同生长阶段也会有不一样的景致。事实上，近年来已经形成了这样的生态景观旅游热潮。比如油菜花，本不是什么惊天动地的景观，但身处城市的人们非常向往那黄澄澄的一片花海，拍出的照片也充满了田园味道，因此诞生了若干油菜花观赏地，如云南罗平、江西婺源等。从农作物的生长阶段看，播种期的耕田展现一片新绿，此时正值春季，踏青的人们除了常规的大众旅游线路，小众的乡村农家乐或者农渔休闲游成为一个很好的选择。生长期的耕田一般正值盛夏，此时可以主打避暑纳凉主题，让乡村的植物与丛林等生态带给人们一片清凉。收获期的耕田呈现一片金黄，更加可以主打采摘、收割旅游，让人们参与到秋收劳动中，并提供农产品销售，是一举多得的方式。除了秸秆资源，乡村本地的其他特色也应该得到挖掘，在给予游客丰富旅游体验的同时，也能够增加消费，增加收益。旅游一般离不开餐饮和住宿，这样就带动了农村餐饮业和住宿业。事实上，独具特色的农家乐和民宿近年来非常热门，乡野的乐趣也在深入体验中得到升华。在开发旅游资源的同时，也要注意对当地生态的保护。

秸秆景观资源中最出彩的要数作为农业景观的梯田景观。梯田依山而建，远远看去像山体被一层层切开，层层叠叠，相当壮观。梯田通常是世代生活在此地的居民不断对山体改造形成的，灌溉系统非常便利，是劳动人民智慧的结晶。国际上有关于梯田的研究，如菲律宾伊富高梯田和巴厘岛梯田，研究涉及景观、生物多样性保护、资源利用、文化与景观可持续性问题、社区参与及旅游发展策略等。[155-157]国内主要集中于对广西的龙脊梯田[158]、湖南的紫鹊界梯田[159]、云南的哈尼梯田[160]的研究。其中，云南红河哈尼梯田(图4-26)于2013年6月被联合国教科文组织评为世界文化景观，这对当地的旅游发展作用重大。此后，关于哈尼梯田的研究逐渐增多，主要涉及梯田旅游开发、旅游产品的保护开发、旅游市场营销策略等内容[161-163]。由于梯田首先是一种生产性资源，其次才是观赏性资源，这种生态遗产资源和生产性景观资源必须基于人们的生产与生活，不能离开生产谈保护或者旅游开发。应当通过鼓励当地社区参与旅游发展获益，进而管理好梯田，这是梯田景观永续保护和旅游可持续发展的重要路径[164]。

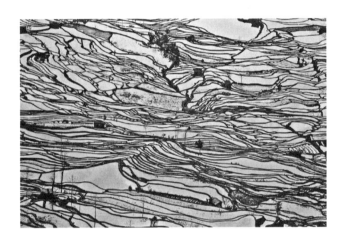

图 4-26　云南红河哈尼梯田

云南红河哈尼梯田申请"全球重要农业文化遗产"的案例表明了一个权威机构给出的认证对当地的旅游开发造成的巨大影响。当然在打造知名度的同时，也须科学开发和利用。秸秆作为农业景观资源是人类从事生产活动而创造的一种特殊的生态遗产资源，通常与当地其他的生态结构、民俗文化、生活方式等构成了独特的综合文化景观。随着当今社会人们旅游体验的不断深入，梯田景观这种有深度也有广度的旅游资源将会受到越来越多的关注和欢迎。

2)　低技术生态秸秆技术作为景观资源

秸秆自古以来就是低技术生态建筑的材料之一。绿色生态建筑从技术层面上可分为低技术、轻技术和高技术，就秸秆而言，分别对应了前工业时期的"茅草房"、工业时期的"秸秆草砖"建筑、后工业时期的秸秆人造板和其他秸秆材料建筑。不使用或少量使用现代科技手段建造的建筑叫作低技术生态建筑。要确保低技术生态建筑的成功,建筑师需要具备突出的综合能力,准确把握建筑材料特性,对场地的选择和气候分析方面有着较高的水平。根据综合要求和当地的实际情况,采取恰当的建造手段,实现建筑的生态化[165]。秸秆与其他低技术材料如土、木、石、青砖等一同构成了风格形态不一的民间乡土建筑,例如前文提到的日本白川合掌屋、我国山东荣成海草房等。这些乡土建筑因为其独特的地域特色及一定的规模而成为一种景观资源,从而成为景观乡土建筑的一种方式。

前文介绍的云南红河哈尼梯田景观作为农业景观资源所在地云南哈尼族的民居也是非常特别的秸秆建筑之一。哈尼族民居主要以"蘑菇房"为主,因其四坡草顶的屋脊较短、四面铺草,貌似蘑菇而得名(图4-27)。蘑菇房有着独特的文化、经济及生态价值。蘑菇房隶属于邓笼建筑体系,蘑菇顶造型及结构来源于自然,体现了哈尼族人民长期以来积极地适应自然环境,将生产、生活融入自然环境,始终保持着与自然环境共同发展的态度。由于石材、茅草、竹子、土坯、木材等天然材料的广泛分布并且非常容易获取,蘑菇房本身的造价低廉,并且十分方便修葺,因此具有较好的经济效益。也正是由于这些绿色乡土材料的运用,使蘑菇房具有一定的生态节能效应,并且与哈尼村寨、山体、梯田、景观、植物形成了一个和谐的景观生态体系[166]。

图4-27　哈尼族民居"蘑菇房"

　　除了保护与开发这些既有的乡土建筑，低技术秸秆生态建筑在现代的另一种用途是采用传统乡土建筑材料或形式，建设成为特色度假村。前文提到的戴复东院士在山东荣成的海草石屋"北斗山庄"就是这样的案例，另外一个近期的案例是"裸心谷"度假村（图 4-28）。裸心谷是南非籍欧洲人与其香港建筑师身份的夫人在浙江莫干山的山谷里建造的度假村，其夯土小屋和 SIP 结构保温板树屋等建筑因为就地取材，大量使用环保材料而成为亚洲第一家获得 LEED 环保认证的酒店。酒店走的是高端小众路线，入住的客人 50% 以上为外企和外籍人士。酒店的建设过程中非常注重对自然的保护，并且配备了西式度假配套设施，设立了马场、越野体验场、无边际游泳池、林场、茶场等，能够满足家庭度假与团体活动所需的硬件设施[167]。裸心谷因为使用绿色材料和低技术的建造策略，装修并不豪华，但非常具有设计感。近年来，随着人们生态意识的提高，越来越多的人在假期选择远离城市，投向自然怀抱。而"裸心谷"位于中国东部沿海，靠近经济中心，自然成为城市中的人们休闲度假的好去处。这种采用低技术建筑建造度假村的做法本身就成为了景观而被人观赏，而住在其中进一步加深体验，其绿色建筑理念在居住体验中也得到了很好的推广和宣传。

图 4-28　莫干山"裸心谷"度假村

3. 秸秆与文化乡建

　　在秸秆文化乡建方面，前文已经从物质文化角度进行阐述讨论，在此"文化乡建"主要是从精神文化角度进行论述。秸秆的文化乡建可以挖掘本身具有丰富的稻草文化的区域，比如朝鲜族，这里的衣食住行、风俗礼仪、舞蹈、音乐与服装都与稻草文化有着密切的联系。再如龙胜侗族的舞草龙,都具有极强的民族特色和可观赏性,配合文化创意产业的发展模式,应该能够成为很好的文化乡建资源。挖掘与秸秆有关的传说、神话、风俗、礼仪等,最神秘和原始的祭祀也是人们最感兴趣的,而原始的祭祀活动使用了很多秸秆的元素。所有这些秸秆相关的元素值得研究人员好好加以研究和利用。

与秸秆有关的精神文化主要包括风俗习惯和民间信仰,内容涉及婴儿降生、嫁娶、丧葬等仪式以及与生产农事相关的节庆等,还有与辟邪、祈福相关的活动等。在朝鲜族的民间信仰中,就有使用稻草制作"禁绳"的风俗。禁绳是朝鲜族人在祭祀和新生命诞生时禁止外人出入,悬挂在门和路边表示禁止的编绳,在活动中禁绳被围在很多地方,比如在酿制酱油和大酱时的缸口周围、在盖新房时的房顶上、在祈求丰收时的杆子上、立在田里的稻草人身上等。稻草在家神信仰中也扮演了不可或缺的角色,比如产神信仰、城主信仰、灶王信仰和基主嘉利信仰等(图4-29)。因为稻米是朝鲜族人的主食,从而衍生出稻灵或谷灵信仰,稻草被认为具有生产、再生的能力,因此在其他的家神信仰活动中经常使用稻米稻草。

图4-29 朝鲜族"基主嘉利"信仰

除了朝鲜族,稻草在很多少数民族文化中扮演了重要的角色,特别是在一些祭祀活动中。原始的祭祀活动经常伴有舞蹈的形式,是祈福的一种方式。广东上洞村的草龙舞就是其中一种具有千百年历史的祭祀舞蹈(图4-30)。草龙舞,就是举着用稻草扎成的草龙进行舞龙表演。草龙采用禾秆草捆扎,以竹、木片做支架,工艺复杂精致,采用了编、插、嵌、绕、悬等十多种编织工艺技巧。草龙舞在

图 4-30　广东上洞村草龙舞

一年中进行两次，一是从农历八月初一至十五的"耍龙灯"，二是正月初一至十五的"闹龙灯"。草龙舞表演套路分盘、滚、游、翻、跳等，加之表演时须在龙身上插香烛，表演时火光飞舞，精彩绝伦。届时，全体村民都会参与，到现场观看表演，现场非常热闹。这种独特的民间表演常常引来很多游客和摄影师，民俗学家也非常感兴趣，认为上洞村草龙舞表达出民众奋发向上的风貌，以及作为龙的传人的自豪，有着浓郁的生活情趣。草龙舞以古老的文化沉积和强烈的民族特色唤起民族的意识，发挥巨大的感召力[168]。

　　在江南的太湖地区有悠久的水稻种植历史，因此也形成了丰富的秸秆文化，涉及祭祀礼仪、民间生活和民间习俗诸多方面。与其他地区一样，土地神是稻农心目中的神，有的地区在中元节举行祭拜活动，有的地区则在农历二月初二举办"土地会"进行祭拜。对其他神的信仰也大概与祈求风调雨顺有关，祭祀仪式也衍生出相关祭祀歌和舞蹈。太湖地区主要是以龙舞为主，龙的材质各地不尽相同。上海松江地区舞的便是草龙，表演时需要头戴草笠，肩披稻草，足穿草鞋，是祈求风调雨顺，五谷丰登之意。稻草与民间生活的关系主要表现在饮食、服饰、民居、交通运输等方面。水乡的妇女服饰与稻作文化有密切的关系，其功能与形式均符合稻农的生活形态和审美方式。太湖地区使用稻草为主要建筑材料建成的民居称为草房、草棚或草舍。相传这种稻草屋是仙人修行时居住的，因此也被称作"仙屋"。此外，有关稻作生产方面也有一套习俗，包括行春、打春、种田礼俗、驱灾礼俗等,节日有谷生日、五谷神生日、稻生日、稻箩生日、龙节日、土地生日、社日等[169]。

以上描述的各个民族和地区与秸秆有关的文化,有着丰富的表现形式,通常与更深层次的社会发展程度、文化历史以及生产生活方式相关联。这些文化一方面具有很高的学术价值,有待人类学家和民俗学家的研究,另一方面在现代社会中这些文化的价值也有待进一步探讨和挖掘,或许能够成为文化乡建的一部分。

4. 秸秆与艺术乡建

根据前文分析,秸秆的艺术乡建不可单独进行,一般只是一种局部干预的手段,还须配合科学系统的地域发展政策。艺术乡建通常是一种“实验”性质的、以个案为主要载体的实践运动。但是“个案打造易,示范推广难”。如前文提到的“许村计划”和“碧山计划”,均存在种种困难而难以为继,更别说将其模式推广到其他乡村。这些实例表明艺术乡建不能只是艺术家们孤芳自赏的个性化实验,应该从农民的根本诉求出发。应该充分认识到,乡村始终是农民的乡村,“乡建运动而农民不动”这样的乡建模式注定会失败。必须承认农民们的现代化愿望和农村社会的现代化变迁是时代驱动,应该顺应这种变化再来谈艺术乡建。事实上,艺术乡建因为本身具有实验性质,很多的案例已经总结出了经验和教训,也让我们充分认识到,艺术乡建首先应当关注的是当地居民的精神文明建设。农村的种种发展变化导致的“文化生活困境”,这是文化艺术行业需研究的内容。

将艺术乡建的目标确立为丰富乡村地区的居民文化生活,提高其艺术素养,为农民创造和传统生活方式不同的文化生活方式,即加工低成本、易获得的材料产品并能获得较高的收益。国外使用秸秆制作大型户外装置,以大地艺术节(比如日本新潟大地艺术节)的方式虽然非常吸引眼球,但也只能作为个案塑造,并且考虑到当代艺术的接受群体,以这种方式进行的秸秆艺术乡建活动适合设置在临近大型或巨型城市且交通便利的地方。除了当代艺术,民间艺术中的秸秆画和秸秆编织工艺品也可以成为秸秆艺术乡建的主题。如同我国台湾地区草鞋屯国际稻草文化节,所有的活动应当围绕当地居民展开,进行“内生的开发”。运用本书提出的秸秆创新设计思路,将秸秆制品、秸秆艺术品进行产品化,提高当地经济效益。

秸秆作为一种再生性资源，与其他再生性资源相比，有个性，也有共性。具体适合发展哪一种产业，或者制造哪一种产品可能是秸秆特有的，但是资源产业化利用的思路是通用的。例如风能资源的利用，除了将其能源化以外，其能源化装置风车也形成一种景观资源。针对不同的再生性资源的特点，应结合当地的乡村相应的产业、景观、文化和艺术基础条件和基础设施，因地制宜制订依托于开发利用再生性资源的乡村建设方案。

4.4 乡村社区营造

1. 社区经济模式

结合国外经验，综合考虑我国国情，根据前文总结的四大政策原则：

（1）保护与发展并重；

（2）本地居民主体性；

（3）非营利组织、民间机构的推动；

（4）政策目标与时俱进。

笔者认为乡村地域建设与资源利用相结合，以当地居民为发展主体，以非营利组织和民间机构推动，政府提供支持和立法保障，在基础设施建设和科学立法基础之上，采取"自上而下"和"自下而上"相结合的开发方式。具体来说，政府制定政策与立法机构立法，将地域发展和社区营造以政策与法律形式固定下来，作为地域建设、乡村发展的政策保障。当然，政策必须得到有力的执行。但是执行的过程分为"自上而下"和"自下而上"两种方式。两种方式各有利弊，具体采取哪种方式，应根据具体问题具体分析，从项目性质、类型、阶段等方面综合考虑。如果从项目的整个生命周期看，一般来说，初期阶段适合采用"自上而下"方式，由政府行政机构与非营利组织和民间机构一同向下推进，本地居民此时应该是处于观望阶段；当项目进行到一定阶段，经济发展，人口回流，居民获得了一定的经济利益并对本地发展更加有信心，这时宜采用"自下而上"方式，充分发挥居民的内生力量。

非营利组织与民间机构在其中的作用非同一般。这些组织一方面进行环境治理、改建工程及村民的思想动员工作,另一方面起到沟通企业和乡村社区桥梁的作用。在充分调查了地域特产、历史、建筑、文化后,与企业一起探索可能的市场卖点,综合分析后选取最合适的模式进行开发,企业设定目标进行资源配置,提供所需的技术或运作的资本。最终的产品形式可能是实物产品,也可能是服务,举例来说,诺菲博尔麦秸板属于产品,而民宿旅游经济属于服务。在这个过程中,乡村社区一方面提供自然或人文历史资源,成为产品或服务的原料;另一方面提供人力资源,给村民创造了就业机会。乡村社区为企业的发展提供了地区建设支持,企业为乡村社区建造公共设施作为回报。通过企业的市场化运作,吸引用户或者游客光顾。此时的消费产生的商业利润对企业和乡村社区都是有利的。在产品与用户互动中,企业提供售后的保障服务,让用户获得附加利益。在消费过程中,用户或者游客与乡村社区也有了互动,打破了乡村社区的寂寥和孤独。

在整个过程中,当然不能走"先污染,后治理"的道路,资源利用也要合理合法。资源的选取不能仅从经济效益出发,应该综合社会、环境、文化、经济多方位因素,鼓励开发生态环保和环境友好型项目、再生性资源利用项目,以及以非物质资源为主的项目。地域振兴是一项经济、环境、社会、文化四位一体的振兴。更具体地说,地域振兴最主要的目标当然是追求经济效益,但是这种经济的增长不能不顾社会效益,不能以牺牲环境

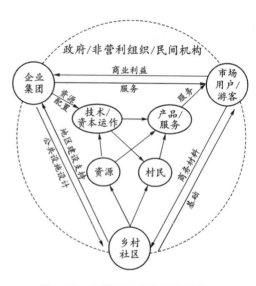

图 4-31 乡村社区营造经济模式

为代价,更不能以磨灭传统文化的方式进行。同时要限制企业与外来资本的资金流向,不能重复早期的农村工业化道路,获得的经济利益基本还是回流到城市,到最后农村与农民并没有得到实在的好处。另外,政策的制定要根据项目进行到不同阶段,根据当地当时的社会、经济、环境效益进行评估和实时调整,才能使政策更好地指引发展的方向,更好地为发展服务(图 4-31)。

诺菲博尔公司将全球唯一一条定向结构麦秸板生产线建设在陕西杨凌,使

用当地农作物秸秆为原料,解决了当地秸秆去向问题,从减量化的角度实现了环境效益;又为当地居民提供了许多就业机会,实现了社会效益。当然,其产品的成功也创造了很好的经济效益;更重要的是,我们看到在这个公司附近诺菲博尔麦秸板使用的案例相比其他地方更多更普及,在某种程度上影响了当地居民的环保意识,从思想文化层面让环保理念深入人心。而这个名不见经传的小城市,因为这样一项世界领先的技术和优越的产品,享誉国内外。

非物质方面当以近几年来的"民宿"旅游经济为典型。民宿是结合当地传统建筑特色将乡村社区民宅改造为家庭旅馆出租给游客的一种旅游形式。如今人们获取旅游信息和购买旅游产品的习惯已经改变,互联网＋旅游相关产品成为获取旅游信息服务的主要手段。企业使用市场手段,将其包装和出售,通过精心选取的渠道展示给准确定位的人群,并吸引游客前来。在住宿过程中,游客与主人的关系比寻常更为亲密和自然,游客也会更多地参与到当地的民俗活动中。在这种情况下,乡村社区提供的资源包括建筑空间、自然山水风景、民间工艺、民俗仪式等,村民在此过程中担任旅店主人、向导等身份。因此,游客与村民的身份都是多重的,打破了买-卖的二元对立。游客为企业和乡村社区带来了经济利润,同时,游客与村民的互动又活跃了乡村的气氛。

2. 社区生态改造

在社区营造的过程中,早期的基础设施建设非常重要。我国农村长期处在比较落后的情况,不仅生活设施不健全,环境存在脏乱差的情况;有些地区生态环境甚至遭到破坏。基础设施建设包括交通道路网络、生活配套设施等。政府或企业早期的投资能够带来很多工作岗位,吸引一部分当地人回到家乡。在基础设置建设的过程中,也是对当地的生态环境改造的过程。这需要掌握一个度,一味大兴大建反而会破坏脆弱的生态。要避免日本曾经经历的教训,即农村交通更加便利,然而农民却更加孤独,因为离开农村也变得方便,生活方式的改变让人与人的交流日益减少。因此,在建设过程中要创造更多居民参与决策的机会。当然生态环境需要得到有力改造,比如洪水灾害、沙尘暴等,需要建造水利设施和防风林营造健康的微生态。

除了基础设施建设,生态环境的改造还应根据区域的整体发展规划而定。例如以耕田景观为主的区域建设项目,应将重点放在耕田的美观效果之上。比如茶田,需要将茶树有序排种,修剪整齐,并将人行道路修建得当,并将观光体验和线路考虑在内。

3. 社区文化认同

在整个地域振兴系统设计中,除了物质文明的建设,更加注重精神文明建设。在当代艺术界,很多艺术家相信城市的问题来源于乡村。因此,除了要让村民们安居乐业,也要关注村民的心理健康,要扭转"留在乡村就是没出息"的观念。为了达到这个目的,可以通过举办文娱活动和提高社区居民参与决策机会的方式进行。文娱活动能够培养村民们健康的兴趣爱好,一方面提升地域认同感和归属感;另一方面,要认识到地域的真正价值,提升地域自豪感和文化自信。特别是以"文化乡建"方式进行的乡村建设,由于工作的需要,服务于观光客的本地居民自然而然会加强本地的文化认识,如同"莎士比亚小镇"的居民一样。除了这些娱乐活动,要培养居民主人翁的意识,必定需要加强其参与区域发展决策的程度。民间机构是一种比较好的形式,在这里,居民能够一起申请项目,在共同工作的过程中加强彼此交流。

第5章　秸秆利用的展望

在资源类型和资源的使用方式不断演变的背景下,采用当地资源开发并发展产品的创新设计领域也需要不断探索适合新时代、新常态、新能源的设计理论。对再生性资源的创新设计研究的理论意义在于能够从宏观的造物观和设计观的角度,探析再生性资源设计发展历程中的延续性和演变规律,或者横向对比不同地域或文化中再生性资源设计理论的异同。对使用秸秆这种再生性资源进行造物活动研究的意义在于能够进一步聚焦研究内容,在微观层面详细分析再生性资源创新设计中的相关理论,完善秸秆在人居环境中的应用研究。秸秆材料在人居环境中的应用具有相当重要的现实意义,它是实现国家节能减排目标、建设绿色乡村的重要手段,是关注绿色生活、建设宜居环境的重要途径,是地域振兴、传承传统文化的重要一环。本研究的目标是在循环经济的语境下,充分描述再生性资源的创新设计基础,解释再生性资源、创新设计与社会发展其他方面的关系,探索再生性资源的创新设计形式与内涵以及其感知情况,进而改进再生性资源的创新设计的理论和方法。

5.1　研究回望

本书通过对再生性资源设计理念的认识,通过案例从不同角度分析再生性资源秸秆材料的造物类型、造物文化。秸秆材料色泽天然,有着自然淳朴之美且绿色环保,作为设计材料不但具有优良的性能,还兼具多重感性特征,能带来丰富的审美体验。通过对秸秆材料语义的调研分析,使当代人全面认识秸秆材料,还为设计人员提供了丰富的语义资源。在现代产品设计中采用秸秆材料,人们从新的角度对秸秆材料进行认知,通过现代科技手段,更具现代时尚感。研究充分展现了秸秆材料本身的设计属性,拓展了秸秆材料的应用领域。新材料技术的发展,现代加工处理技术的运用,都使秸秆材料带着现代气息逐渐走进现代产品设计中,从传统的手工艺品逐步扩展到更多领域中,对产品的造型风貌起到决定性的影响,带给人们全新的审美体验。

本书引入了相当丰富的案例与材料,对秸秆资源创新利用这个问题进行了全方位的分析。总结本书中涉及的研究内容,主要有以下几点:

(1)中国自古就有质朴的生态观"天人合一",认为生物与环境之间是相互依存的关系,并且在周代就有了相对系统的环保机构和制度,因此有着比较好的生态思想和生态意识的传播基础;中国古代的造物理论"制器尚象,器以致用,器以载道"展示了道、器、形三者的统一,有很强的借鉴意义;中国古典生态思想与现代深层生态学思想有着异曲同工之处,具有相当程度的先进性,因此现代人应传承下去。

(2)对古代社会中存在的秸秆造物类型进行分析,发现秸秆早已深入人类生活的方方面面,与物质文化和精神文化方面都有着密切的联系;在人类历史中,人们对秸秆材料有着与生俱来的好感,能够欣赏其独特的生态美感;从设计学角度来说,秸秆材料也具有优越的材料美和色彩美,在创新设计中应该好好加以利用。

(3)秸秆资源利用的方式从古至今遵循由易到难的发展规律,除了通常所说的秸秆能源化利用(包括"五料化"和"新五料化"),在创新设计材料利用方面,秸秆材料具有很大的潜力,包括使用不同的生产加工工艺进行产品设计、时尚设计、建筑设计、景观设计以及作为艺术表现材料,等等;秸秆的工业加工可以从产业化的角度更加有效地利用秸秆资源,并创造良好的经济效益。

(4)地域问题在未来可能会成为越发严重的社会问题,探索了几种主要的乡建模式(包括产业乡建、景观乡建、文化乡建、艺术乡建)秸秆的作用,证明其能够发挥一定的效果,值得进一步研究。

秸秆造物作为中国传统社会文化的一部分,历经几千年而得到了完整的传承和发扬光大,可见其自身有着独特的魅力。秸秆造物不但为人们的生活提供了极大的方便,还成为一种艺术形式而受到人们的喜爱,其中蕴含的文化、智慧和审美价值,是其最大的魅力所在。我国有着博大精深的民间传统造物文化,难以对其整体进行详细的阐述。即使是传统造物中的一员——秸秆造物,本书也只是进行了初步的探讨,无法做到深刻而全面的研究。

5.2　发展现状及存在的问题

秸秆造物伴随着人类种植业的出现而出现,并随着人类社会的发展而发展。在科技高度发达的现代社会中,人们对于秸秆造物的设计有了更大的拓展,产品类型也在快速增多。在秸秆材料应用方面,我国还没有形成规模生产,只存在于一些样板产品中,作为研究模型。国外主要尝试将秸秆材料应用在建筑当中并展开相关的实验研究。由于地域条件的限制,我国秸秆材料应用规模小、数量少,还没有引起人们足够的重视。

某项研究显示,若能对秸秆资源进行充分循环利用,在同样农业资源的投入下,原有农业经济体系将增值 20％。除了经济上的损失,这些废弃秸秆被燃烧后,又会产生严重的大气污染。目前,露天焚烧的秸秆作物主要为水稻、小麦和玉米秸秆三大类,秸秆焚烧区域集中在粮食主产省和经济发达地区的城市郊区。在这些地区通常会设置机场空港和火车站等大型交通枢纽,发生在该区域的秸秆焚烧不仅会产生大气污染,还会影响到航空、铁道交通系统。露天焚烧还存在相当大的火灾隐患,给人民生命财产安全带来风险。此外,秸秆焚烧更有可能会破坏农田微生物群落,影响土壤养分的循环。

据统计,我国可利用的生物质能的资源量大约为 4.6 亿吨标煤,但目前只利用了 5％左右,为 2 200 万吨。2009 年的首次全国秸秆资源调查数据显示,秸秆理论资源量为 8.20 亿吨,其中,可收集资源量为 6.87 亿吨。这些秸秆资源分别用于不同的用途,14.78％用作肥料,30.69％用作饲料,18.72％用作燃料,2.14％用作基料,2.37％用作造纸等工业原料。然而,仍然有 31.31％的秸秆资源被废弃和燃烧,利用率为 68.69％。2014 年,我国秸秆理论产量为 9 亿吨左右,而秸秆综合利用率也上升到 78％。目前,我国已经形成了秸秆多元化利用格局,秸秆利用由过去传统农业领域拓展到现代工业、能源领域;秸秆利用技术明显提高,秸秆沼气、固化、人造板、木塑等综合利用工艺和秸秆联合收获、粉碎、拾捡打包等设备得到研制和应用;秸秆资源利用的综合效益快速提升,带动了一批农村剩余劳动力就业,促进农民增收。

虽然整体利用率有了一定的提升,但仍然存在进一步提升的空间。目前,在秸秆资源综合利用方面还存在四个主要问题:

其一,秸秆材料自身的性能存在一定的缺陷,如防水、防火性能较差,强度不足等,这些问题都对秸秆材料推广应用有较大的影响。

其二,农作物秸秆供应有明显的季节性,产地分散,贮存占地面积大,收集运输成本高。

其三,由于缺乏相应的加工技术,加之缺乏专业的设计人员,秸秆产品的设计与制造处于低水平状态,秸秆产品优势无法得到充分体现,难以吸引消费者。

其四,我国社会的环保意识还不够强,人们对于环保材料的认识水平较低,审美观念较为落后,秸秆材料的生态价值不为人们重视,严重阻碍了其推广应用。秸秆材料始终作为替代性材料使用,自身的特质难以得到充分利用。

目前,人们对于秸秆材料的应用还处于研究阶段,实际应用存在诸多的障碍,但笔者相信,随着人们生态环保意识的加强,人们对秸秆类生态材料的关注度将大大提高,秸秆材料的加工技术在不断发展,能够极大地提高秸秆材料的性能,材料设计的种类也将获得进一步的拓展,应用领域将逐步得到扩大。

5.3　未来发展

根据《全国农作物秸秆综合利用条例》,到 2020 年,秸秆综合利用率达到85%。为了实现这一目标,控制秸秆资源浪费,促进秸秆利用技术,提高秸秆利用水平和利用率,提高秸秆资源经济效益,国家提出了秸秆产业化发展的经济模式,并且在政策、技术、投资、市场、社会服务体系等方面加大投入。以下简要介绍上述几个方面的未来发展方向:

1. 因地制宜、科学施策

我国的秸秆相关政策起步较晚,综合性较差,目前正处在起步阶段。各方面积极探索,正在形成因地制宜的政策体系。1999 年,国家环境保护总局、农业部、财政部、铁道部、交通部、国家民航总局联合制定了《秸秆焚烧和综合利用管理办法》,禁止在机场、交通干线、高压输电线附近燃烧秸秆。这一时期的政策主要是禁止秸秆焚烧,还没有充分考虑秸秆可能带来的经济效益。2008 年,《关于加快推进农作物秸秆综合利用的意见》第一次将秸秆综合利用与农业增效和农民增收联系起来,制定了"统筹规划、因地制宜、科技支撑、政策扶持"的基本原则。2011 年,《"十二五"农作物秸秆综合利用实施方案》发布,综合分析了秸秆资源利用现状和存在问题,提出了"农业有限、市场导向、科技推动、因地制宜"的原则,并确定了肥料化、饲料化、基料化、原料化和燃料化的"五料化"利用领域,实施了一批重点工程。到了 2014 年,《秸秆综合利用技术目录》发布,围绕秸秆"五料化"利用,详细介绍了相关利用技术和标准。各地也相继出台了有关秸秆资源综合利用的地方性法规,加快相关政策的推进和落实。

由此可见,我国的秸秆资源综合利用政策正在稳步发展,目前已经上升到了国家战略的层面,有利于秸秆利用技术的发展、资本的投入、市场与社会服务体系的建设。未来政策制定将继续走因地制宜、与时俱进、治理与发展并重的科学发展道路。

2. 科学技术推动秸秆综合利用

秸秆的能源化利用需要依靠技术创新,目前,相关关键技术得到突破,正在逐步提升。秸秆能源化利用技术未来发展主要有以下几个方向:

其一,秸秆高效燃烧技术,包括省柴灶、生物质炉和节能炕等技术。省柴灶是对改良灶的进一步改进,其热效率可达 22%～30%;生物质炉一般是以秸秆成型燃料为燃烧原料的炉灶;节能炕是对旧式火炕的改良,综合热效率可达 60%以上。虽然目前能源形式已经相当丰富,但在偏远地区的农村,生物质炉仍然是炊事、取暖的主要生活设备,因此,提高这一领域的燃烧效率将有利于整体能源效率。

其二,秸秆燃料成型技术,是将颗粒状秸秆原料在压力作用下制成块状或棒状等成型过程,包括湿压成型、热压成型和碳化成型。秸秆燃料成型技术与高效燃烧技术相结合,将极大地改变农村能源利用现状和利用效率。

其三,秸秆生物质气化技术,即秸秆沼气技术,是使用微生物将秸秆转化为沼气和沼渣的处理技术。该技术在生物质转化效率、污染零排放等方面都具有明显优势。

其四,秸秆热解气化技术,是使秸秆在控制氧含量的条件下,高温热解气化为主要含一氧化碳、氢气、甲烷、碳氢化合物等可燃气体。目前我国主要有固定床气化炉、流化床气化炉和干馏三种技术,已建成 730 多座集中供气站或供热站,50 多座气化发电站。因此,此项技术在我国较为成熟,适合我国农村分散独立的功能需求。

其五，纤维素乙醇技术，是指以纤维素为原料生产乙醇的技术，包括原料处理、糖化水解、发酵和蒸馏四项工序。利用生物精炼和乙醇联产的模式可以更大程度地利用秸秆资源，实现更好的综合效益。

其六，秸秆发电技术，是秸秆燃烧或转化为可燃气体后将其用来燃烧发电的技术。目前，该技术包括秸秆直燃发电、秸秆混燃发电和秸秆气化发电等三种类别。受到原料供应、人力资源等因素的制约，目前秸秆发电技术的经济效益还有待提高。

3. 绿色金融加快秸秆产业化

政策的推行、技术的研发都离不开资本的投入。目前，我国已经初步形成了主板、中小板、创业板、新三板等板块构成的多层次资本市场，股权融资已成为企业股本的市场化补充机制。目前而言，比较适合秸秆产业化的债务融资产品包括中小企业集合债、项目收益债和"绿色债券"。集合债是在一个强有力的协会、政府部门集中协调下组织进行的；项目收益债是在企业项目未来收益可观且稳定的情况下可申请的一种融资产品，最长期限可达 10 年；"绿色债券"是指任何将所得资金专门用于资助符合规定条件的绿色项目或为这些项目进行再融资的债券工具。

作为金融资本服务机构，中科招商投资管理集团的主要业务是股权基金专业管理和股权投资。中科招商投资充分利用各种金融工具，为秸秆应用企业服务，推动相关企业快速成长和发展。具体而言，首先，中科招商投资构建了以股权基金股权资本为主的资本支持体系，包括银行、保险、证券、信托、基金、财政等金融资本。目前秸秆应用企业普遍为中小企业，规模小、企业自有资金不足，存在融资困难，亟需全面资本体系的帮助，助力企业成长。其次，中科招商投资帮助构建了一个集资金、技术、人才、政策等多方位要素的秸秆产业化发展生态环境，推行"设基金、建基地、兴基业"的发展模式，将资本、企业和平台三位一体结合起来。再次，进一步提升科技支持，创立秸秆应用产业化研究院，在技术层面提高秸秆利用效率和综合经济效益。最后，构建了秸秆产业化信息网络，涵盖了政府政策、金融信息、秸秆产业信息、科技人才信息等各类信息，充分发挥信息网络对传统产业的辅助与升级作用。

中农科产业发展基金是中国农业科学院在 2011 年设立的专注农业产业的股权投资基金。该基金的优势是背后有中国农业科学院强大的技术支持,其核心价值在于投资企业后的增值服务,技术上的强大支撑以及产业链整合方面的能力。除此之外,政策、技术、企业与资本之间还需要相互协调,秸秆资源的综合利用离不开非营利组织的帮助。中国绿化基金会拥有独立公益平台、网络植树、绿色公民行动等平台,与淘宝、腾讯和支付宝都有良好合作。中国绿化基金会通过积极探索,在各地启动推广试点项目,比如在甘肃开展绿化脱贫模式、在云南开展自然保护区农民致富模式,在宁夏开展种植枸杞等经济作物,提高地区资源利用率,形成了企业、农户、政府、专业经济组织、社会公益组织五位一体的发展模式。特别是,该基金会与企业合作,帮助企业设计项目,推行示范项目。

4. "收、储、运"体系建设

实现秸秆的产业化,除了政策的落实、技术的支持、资本的推动,最重要的是保障秸秆原料的供应,建立秸秆资源的"收-储-运"体系。

天冠集团为了保障纤维素乙醇的原料供应,建立了秸秆的收、储、运原料供应保证体系。该体系结合南阳地区一年两季种植特点,采取纤维素乙醇生产厂自行收购、设立固定收购基站、以村组为单位设立收购点三种模式,尽可能地为农户交售秸秆创造便利条件。该体系在构建过程中分五个阶段进行:

第一阶段为建立收购站和收购点,实现收购和临时存放的功能;

第二阶段为原料收购,收购期间采取多种措施,由乡村各级动员督促,公司职员分包各站点;

第三阶段为原料储存,每个收购站都配有抱草机,在收购的同时就可以进行储存,合理布局储存方案;

第四阶段为原料初加工,利用原料粉碎机、打包成型设备将原料加工成为标准化的长方体,以此减小原料体积,便于运输;

第五阶段为原料运输,根据纤维素乙醇的生产需求,直接从收购站调运。

根据丁翔文,张树阁和李吉(2010)对黄淮海地区小麦玉米农作物秸秆能源化利用研究,建立一座 2.5 兆瓦秸秆发电站,需要秸秆 650 吨/日,一年需要约 200 千吨。收集这些秸秆,需要配备 20 名左右的"秸秆回收经纪人",与四种收储运模式相结合,实现更好的效果。这四种模式基本上都涉及秸秆打捆、运输以及二次打捆和运输，须根据现实条件进行选择，最终运输至电厂自建收储站。期间，秸秆回收经纪人作为这个过程的主要负责人。这种模式与天冠集团的收储运模式的主要区别在于，天冠集团将秸秆原料分散存储在各地收购站内，需要时再进行调运，而黄淮海地区秸秆发电厂将原料储存在自建收储站内。二者各有利弊，企业需结合当地秸秆原料和自身需求情况，因地制宜进行选择，或探索出更加合适的收储运体系。

笔者预测，随着未来秸秆材料加工技术的进一步提高，能够让秸秆材料展现出更高的价值，形成产业化发展模式，多领域发展，为人们带来更多的环保产品。产业化能够带动新型秸秆材料的研发，提升材料性能，还能带动实践领域相关产业的发展，促进秸秆产品设计活动。其生态优势得到发挥，为人类营造出优质的生态人居环境，为人类的可持续发展作出贡献。要实现这个目标，就要提升人们对秸秆材料的认识水平，为秸秆材料的应用奠定基础。同时，应更加重视秸秆材料蕴含的地域文化价值，并使其作为秸秆材料的一个内在价值理念进行推广和发展。

参 考 文 献

［1］YOUNG R，HAYES S，KELLY M，et al. The 2014 International Energy Efficiency Scorecard［C］// American Council for an Energy-Efficient Economy. Washington，DC：ACEEE，2014.

［2］付允,马永欢,刘怡君,等.低碳经济的发展模式研究[J].中国人口资源与环境,2008(3)：14-19.

［3］王国印.论循环经济的本质与政策启示[J].中国软科学,2012(1)：26-38.

［4］再协.资源再生破解中国经济发展魔咒——中国工程院院士、清华大学教授钱易谈资源综合利用[J].中国资源综合利用,2015,33(10)：15-18.

［5］李敬伟,胡艳华,胡日查.我国可再生资源开发利用的现状、存在的问题及对策建议[J].内蒙古环境科学,2008(1)：53-56.

［6］孙鸿烈.中国资源科学百科全书[M].东营：中国石油大学出版社,2000.

［7］吴利乐,郑源,王爱华,等.可再生能源综合利用的研究现状与展望[J].华北水利水电大学学报(自然科学版),2015,36(3)：82-85.

［8］江全元,石庆均,李兴鹏,等.风光储独立供电系统电源优化配置[J].电力自动化设备,2013(7)：19-26.

［9］吴志超,孟现岭,赵地,等.光伏发电中基于拉格朗日插值法的最大功率点跟踪[J].华北水利水电大学学报(自然科学版),2014,35(5)：78-80.

［10］张颖达,刘念,张建华,等.含电动汽车充电站的风光互补系统容量优化配置[J].电力系统保护与控制,2013(15)：126-134.

［11］农业部规划设计研究院.农作物秸秆资源调查与评价技术规范：NY/T 1701—2009[S].北京：中国农业出版社,2009.

［12］顾艺,陈健."内发性"规划设计思路的借鉴与探究——由"秸秆焚烧"事件所想到的[J].住宅科技,2015(3)：59-61.

［13］毕于运.秸秆资源评价与利用研究[D].北京：中国农业科学院,2010.

［14］傅志前,朱兰玺. 国外秸秆建筑的产生与发展研究[J]. 工业建筑,2012(2)：33-36.

［15］顾艺,陈健. 浅析秸秆在建筑材料中的应用[J]. 住宅科技,2015(1)：23-7.

［16］胡安. 秸秆生态环保新产品研究[D]. 南京：南京信息工程大学,2014.

［17］刘玮,吴靖雯. 秸秆人造板在家居产品设计中的应用初探[J]. 艺术与设计(理论),2010
(10)：198-200.

［18］SIMONSEN J. Utilizing straw as a filler in thermoplastic building materials［J］.
Construction and building materials, 1996,10(6)：435-440.

［19］LAWRENCE M, HEATH A, WALKER P. Determining moisture levels in straw bale
construction[J]. Construction and building materials, 2009,23(8)：2763-2768.

［20］HENDERSON K. Ethics, culture, and structure in the negotiation of straw bale
building codes[J]. Science, Technology & Human Values, 2006,31(3)：261-288.

［21］王贝. 中国古代生态思想对生态文明建设的价值研究[D]. 西安：西安工业大学,2014.

［22］何如意. 老子"道法自然"的伦理思想及其生态启示[J]. 南京林业大学学报(人文社会
科学版),2019, 19(04)：22-30.

［23］叶舒宪. 玉成中国：玉石之路与玉兵文化探源[M]. 北京：中华书局,2015.

［24］冯友兰. 中国哲学史[M]. 北京：商务印书馆,2017.

［25］彭刚. 卢梭的生态自然观[J]. 社科纵横,2015, 30(11)：123-126.

［26］王海彦. 马克思生态观的逻辑蕴涵及其当代价值[J]. 中国经贸导刊(中),2019(12)：
53-54.

［27］马克思. 马克思恩格斯全集[M]. 北京：人民出版社,2016.

［28］NAESS A. The shallow and the deep, long - range ecology movement. A summary
［J］. Inquiry, 1973, 16(1-4)：95-100.

［29］DEVALL B, SESSIONS G. Deep ecology［M］. Gibbs Smith Publishers, 1985.

［30］李锐. 阿伦·奈斯深层生态学思想研究[D]. 西安：长安大学,2019.

［31］刘子川. 论现代设计观的嬗变[J]. 惠州学院学报(社会科学版),2012(4)：117-120.

［32］孔俊婷,董晓玉. 绿色设计——21世纪健康人居环境的设计理念[C]// 绿色设计——
21世纪健康人居环境的设计理念：中国建筑学会2003年学术年会. 北京：中国建筑
学会, 2003(6).

［33］刘平, 王如松, 唐鸿寿. 城市人居环境的生态设计方法探讨[J]. 生态学报, 2001(6)：
997-1002.

［34］高金锁. 自然设计设计自然——走向未来的人居环境设计[J]. 装饰, 2001(4)：7-8.

［35］李海英. 朝鲜民族稻草文化研究[D]. 北京：中央民族大学, 2009.

［36］冯盈之,余赠振.宁波草编文化［M］.杭州：浙江大学出版社,2017.

［37］曲婷.山东莱州草编艺术研究［D］.苏州：苏州大学,2009.

［38］谭红丽,战国栋.草编［M］.北京：中国社会出版社,2008.

［39］刘典.论中国绳结的设计方法［D］.北京：中央美术学院,2016.

［40］成果.秸秆建筑的发展历史［J］.艺术探索,2012(4)：101-104.

［41］陈喆.原生态建筑——胶东海草房调研［J］.新建筑,2002(6)：89-92.

［42］吴天裔.威海海草房民居研究［D］.济南：山东大学,2008.

［43］吴琼.与大自然共生日本白川合掌式建筑村落［J］.安家,2011(5)：36-53.

［44］张长江.合掌造出日本色［J］.流行色,2014(8)：150-153.

［45］成果.基于秸秆材料的现代建筑空间建构研究［D］.南京：南京艺术学院,2013.

［46］HEPBURN R. Contemporary aesthetics and the neglect of natural beauty［M］//British analytical philosophy. London：Routledge & Kegan Paul,1966：285-310.

［47］何安华,张灿强,王斌,等.四川宜宾竹文化系统特征与活态传承途径［J］.自然与文化遗产研究,2019,4(11)：111-115.

［48］OSGOOD C E,SUCI G,TANNENBAUM P. The measurement of meaning［M］. Urbana：University of Illinois Press,1957.

［49］LAWRENCE M,HEATH A,WALKER P. Determining moisture levels in straw bale construction［J］. Construction and building materials,2009,23(8)：2763-2768.

［50］OSGOOD C E,MAY W H,MIRON M S. Cross-cultural universals of affective meaning［M］. Urbana-Champaign：University of Illinois Press,1975.

［51］李延云.生物技术在饲料生产上的应用［J］.农产品加工,2006(9)：46-48.

［52］侯方安.玉米秸秆饲料加工十大技术［J］.农机推广与安全,2006(7)：26-27.

［53］梁枝荣,张清文,周志强,等.应用玉米秸秆栽培双孢蘑菇新技术［J］.微生物学通报,2000(6)：443-445,457.

［54］任鹏飞,刘岩,任海霞,等.秸秆栽培食用菌基质研究进展［J］.中国食用菌,2010,29(6)：11-14.

［55］程金生,黄余燕,万维宏,等.由玉米秆、稻谷壳等可再生资源制备大尺寸石墨烯纳米片［J］.化工新型材料,2016(8)：254-256.

［56］王运刚.植物纤维制备微晶纤维素的研究［D］.济南：齐鲁工业大学,2015.

［57］徐永建,敬玲梅.玉米秸秆制备微晶纤维素的研究［J］.中华纸业,2010,31(24)：20-24.

［58］张冬丽,程力,顾正彪,等.玉米秸秆微晶纤维素的制备及其性质［J］.食品与生物技

术学报，2016，35(10)：1113-1119.

[59] LEONARD R, ONYX J. Social Capital & Community Building-spinning straw into gold[M]. Janus Publishing Company, 2004.

[60] JONES B. Building with straw bales：a practical guide for the UK and Ireland[M]. Green Books & Resurgence Books，2009.

[61] MINKE G, MAHLKE F. Building with straw：design and technology of a sustainable architecture[M]. Birkhauser，2005.

[62] LYONS C, BRUCE J, FOWLER V, et al. A comparison of productivity and welfare of growing pigs in four intensive systems[J]. Livestock production science, 1995,43(3)：265-274.

[63] ZHANG L-L, BAO J-F. The Development and Application of New Environmental Protection and Energy-saving Materials Straw Bales [J]. Construction Conserves Energy, 2007(4)：16.

[64] COFFIELD F. A tale of three little pigs：building the learning society with straw[J]. Evaluation & Research in Education，1998,12(1)：44-58.

[65] 王戈,余雁,卢狄耿. 国内外麦秸板的研究、生产及发展[J]. 世界林业研究,2002，15(1)：36-42.

[66] DRACK M, WIMMER R, HOHENSINNER H. Treeplast Screw — a device for mounting various items to straw bale constructions[J]. The Journal of Sustainable Product Design, 2004,4(1-4)：33-41.

[67] SEYFANG G. Community action for sustainable housing：Building a low-carbon future [J]. Energy Policy, 2010,38(12)：7624-7633.

[68] THODBERG K, JENSEN K H, HERSKIN M S, et al. Influence of environmental stimuli on nest building and farrowing behaviour in domestic sows[J]. Applied Animal Behaviour Science, 1999,63(2)：131-144.

[69] MANSOUR A, SREBRIC J, BURLEY B. Development of straw-cement composite sustainable building material for low-cost housing in Egypt[J]. Journal of Applied Sciences Research, 2007,3(11)：1571-1580.

[70] DAMM B, VESTERGAARD K, SCHRØDER-PETERSEN D, et al. The effects of branches on prepartum nest building in gilts with access to straw[J]. Applied Animal Behaviour Science, 2000,69(2)：113-124.

[71] STRAW J. Building social cohesion, order and inclusion in a market economy[C].

Nexus Conference on Mapping out the Third Way, 1998(3).

［72］ HUTSON G. Do sows need straw for nest-building? ［J］. Animal Production Science，1988,28(2)：187-194.

［73］ CASTRÉN H, ALGERS B, DE PASSILLÉ A-M, et al. Preparturient variation in progesterone, prolactin, oxytocin and somatostatin in relation to nest building in sows ［J］. Applied Animal Behaviour Science，1993,38(2)：91-102.

［74］ ZHANG T-H, ZHAO H-L, LI S-G, et al. A comparison of different measures for stabilizing moving sand dunes in the Horqin Sandy Land of Inner Mongolia，China［J］. Journal of Arid Environments，2004,58(2)：203-214.

［75］ BINICI H, AKSOGAN O, SHAH T. Investigation of fibre reinforced mud brick as a building material［J］. Construction and building materials，2005,19(4)：313-318.

［76］ AREY D, PETCHEY A, FOWLER V. The preparturient behaviour of sows in enriched pens and the effect of pre-formed nests［J］. Applied Animal Behaviour Science，1991,31(1-2)：61-68.

［77］ 林一涛，韩卿. 浅析植物秸秆在建材行业的发展空间［J］. 江苏造纸，2010(2)：11-13,20.

［78］ 崔源声，李辉，徐德龙. 绿色建材和绿色建筑的若干战略问题探讨［J］. 建筑建材装饰，2012(6)：48-53.

［79］ 李秀荣. 农作物秸秆利用技术综述［C］// 农作物秸秆利用技术综述：中国农业机械学会成立 40 周年庆典暨 2003 年学术年会. 北京：中国农业机械学会,2003.

［80］ 赵艺欣. 浅析秸秆利用方式利与弊［J］. 中国农村小康科技，2011(2)：27-28,43.

［81］ 侯国艳，冀志江,李海建. 农作物秸秆建材作为抗震房屋用材的分析［C］// 中国科协第十一届全国地震灾区固体废弃物资源化与节能抗震房屋建设研讨会. 重庆：中国建筑材料科学研究总院,2009：191-193.

［82］ 刘乐，鞠美庭，李维尊，等. 秸秆资源化利用的技术经济分析［J］. 现代农业科技，2011(8)：243-245,248.

［83］ 齐岳. 干发酵——秸秆资源化利用的最佳途径［J］. 农业工程技术(新能源产业)，2010(4)：17-19.

［84］ 赵军，高常飞，郎咸明，等. 秸秆资源化利用与新型环保农村建设研究［J］. 黑龙江农业科学，2010(11)：49-52.

［85］ 王舒扬. 我国华北寒冷地区农村可持续住宅建设与设计研究［D］. 天津：天津大学，2011.

［86］赫尔诺特·明克，弗里德曼·马尔克. 秸秆建筑［M］. 北京：中国建筑工业出版社，2007.

［87］韩广萍，程万里，LEENDERTSE K D K. 麦秸在建筑材料中的应用——定向结构麦秸板及其房屋系统［J］. 木材工业，2010，24（3）：44-47.

［88］李培强，张景岩. 新河草编广交会"淘金"3000 万美元［J］. 农业知识：致富与农资，2011（2）：53-53.

［89］李扬. "艺术地再生"——循环再生材料在环境设计中的应用［D］. 上海：同济大学，2006.

［90］田毅鹏. 二十世纪下半叶日本的"过疏对策"与地域协调发展［J］. 当代亚太，2006（10）：51-58.

［91］蔡科. 艺术设计创意产业发展新趋势——地域振兴［J］. 科教文汇（上旬刊），2007（11）：171.

［92］陈为. 日本过疏农山村的振兴及其对中国农村现代化的启示——以日本国福岛县三岛町为例［J］. 广西师院学报，1999（1）：12-19.

［93］王伟勤. 日本乡村过疏化风险治理及其经验借鉴［J］. 厦门特区党校学报，2016（2）：62-66.

［94］张松. 日本历史环境保护的理论与实践——法律、政策与公众参与［J］. 华中建筑，2001（4）：84-88.

［95］宫崎清，张福昌. 内发性的乡镇建设［J］. 无锡轻工大学学报：食品与生物技术，1999，18（1）：102-106.

［96］胡方. 战后日本地域开发政策的展开及其特征——兼论对我国西部大开发的启示［J］. 日本学论坛，2000（4）：7-11.

［97］刘伟东，梁秀山. 内发式发展论——一种新的地域经济理论［J］. 财经问题研究，2001（4）：13-17.

［98］孙洁，秦强. 试论内在式发展模式对中国的启示［J］. 新疆钢铁，2005（4）：35-39.

［99］朱自煊. 他山之石可以攻玉（二）——日本高山市历史地段保护与城市设计［J］. 国外城市规划，1987（3）：1-10.

［100］姚远. 日本市民运动时代的社区营造［J］. 沪港经济，2008（11）：76-77.

［101］王国恩，杨康，毛志强. 展现乡村价值的社区营造——日本魅力乡村建设的经验［J］. 城市发展研究，2016（1）：13-18.

［102］刘晓春. 日本、台湾的"社区营造"对新型城镇化建设过程中非遗保护的启示［J］. 民俗研究，2014（5）：5-12.

[103] 莫筱筱,明亮.台湾社区营造的经验及启示[J].城市发展研究,2016,23(1):91-96.

[104] 黄瑞茂.社区营造在台湾[J].建筑学报,2013(4):13-17.

[105] 周琼,曾玉荣.台湾农村发展政策变迁,成效及走向分析[J].农业经济,2017(1):24-26.

[106] 姚琼好,李旭丰.从传统农业到现代农业台湾发展经验值得大陆借鉴[J].海峡科技与产业,2014(2):15-20.

[107] 周琼,曾玉荣.台湾农村发展政策变迁,成效及走向分析[J].农业经济,2017(1):24-26.

[108] 曾旭正.台湾的社区营造[M].台湾:远足文化事业股份有限公司,2007.

[109] 蒋依娴,王秉安.传说文化创意与乡村社区营造模式探析——以台湾妖怪村为例[J].福州大学学报(哲学社会科学版),2015,29(2):18-24.

[110] 梁艳,沈一.台湾农村灾后重建中的社区营造及对大陆的启示——以台中埔里镇桃米社区为例[J].国际城市规划,2015(5):018.

[111] 周琼.台湾桃米社区生态产业发展及其启示[J].台湾农业探索,2015(3):1-4.

[112] 高朗.滴答作响的时光小镇——拉绍德封[J].钟表,2004(5):62-65.

[113] 张雨.斑斓的玻璃之都来自威尼斯小岛穆拉诺的故事[J].環球人文地理,2010(6):142-149.

[114] 吕方,郭新茹.工匠精神,工艺文化与无锡精工制造[J].江南论坛,2016(8):4-6.

[115] 马希,薛熙明.灾后旅游恢复重建模式的比较研究——以彭州市白鹿镇与九峰村为例[J].安徽农业科学,2016,44(14):211-213.

[116] 陈佩君.地方文化商品之参与式创思研究——以草屯的稻草商品为例[D].台湾:云林科技大学工业设计研究所,2004.

[117] 张钧凯.地方居民对于地方产业文化活动的参与动机与效益认知之研究——以草鞋墩国际稻草文化节为例[D].大叶:大叶大学休闲事业管理学系(彰化县),2005.

[118] 高鸣.越后妻有大地艺术节:用艺术重塑乡村[J].人与自然,2015(10):46-53.

[119] 耿欣,陈可石,高若飞.植根于地区风景和环境,通过艺术节实现地区振兴[J].中国园林,2014(1):88-92.

[120] 李晓峰,苗彤.里山村落的"大地艺术祭"——2012第五届日本越后妻有大地艺术祭[J].公共艺术,2013(1):94-105.

[121] 渠岩,王长百.许村艺术乡建的中国现场[J].时代建筑,2015(3):44-49.

[122] 渠岩.归去来兮"——艺术推动村落复兴与"许村计划[J].建筑学报,2013(12):22-26.

[123] 李乐. 基于乡村性的乡村可持续发展探究——以碧山乡建计划为例[J]. 中外建筑，2016(9)：107-110.

[124] 欧宁. 碧山共同体：乌托邦实践的可能[J]. 新建筑，2015(1)：17-22.

[125] 尚莹莹. 从"碧山计划"窥探我国艺术介入乡村建设现状[J]. 美与时代：城市，2015(8)：10-13.

[126] 王明治. 秸秆材料在室内用品设计中的应用研究[J]. 包装工程，2010(24)：44-47.

[127] 郁舒兰，王晨晨，刘玮. 农作物秸秆人造板的工业产品设计研究[J]. 包装工程，2010(22)：1-3，7.

[128] 刘玮，赵瑛，陈锐. 基于秸秆材料的产品创新设计探析[J]. 包装工程，2011(24)：41-44.

[129] 胡婉玉，蒋成义. 一种生物降解秸秆餐具及其加工工艺[J]. 安徽农业科学，2014，42(5)：1515-1516.

[130] 滕翠青，杨军. 一次性可降解秸秆花盆的研制[J]. 中小企业科技，2003(1)：23.

[131] 刘妤. 基于低碳理念的麦秸秆编织艺术在包装设计中的应用研究[J]. 中国包装，2013，33(8)：30-35.

[132] 张新爱，关润伶. 玉米秸秆包装材料的开发研究[J]. 包装工程，2010，31(11)：56-58，113.

[133] 郑德库，刘秉钺. 用棉秆生产瓦楞原纸的研究[J]. 西南造纸，2005，34(2)：28-31.

[134] 黄力，尚大智，张丽. 秸秆材料在缓冲包装中的应用[J]. 中国科技信息，2016(10)：79-80.

[135] 千一凡，申黎明，黄琼涛，等. 秸秆板在板木结构美式床具中的应用[J]. 家具与室内装饰，2014(7)：18-19.

[136] 张岱远，申黎明，于娜，等. 秸秆板定制整体衣柜零件标准化设计研究[J]. 家具，2013(5)：40-44.

[137] 范丽丽，祁忆青. 秸秆板在家具方面的应用对策探析[J]. 家具与室内装饰，2011(10)：104-105.

[138] 陶金. 稻秸秆纤维与麻纤维混合非织造布性能的研究[J]. 安徽农学通报，2012，18(13)：186-190.

[139] 王明治. 诗意栖居——秸秆材料日用品设计的生态美学价值[J]. 湖北美术学院学报，2011(3)：97-99.

[140] 易晓蜜，郑伯森. 基于生态文明建设下的四川秸秆家居用品创意设计研究[J]. 生态经济(学术版)，2014(2)：220-224.

[141] 张娟，刘杰胜，夏琳，等. 植物秸秆在墙体材料中的应用研究[J]. 砖瓦，2014(11)：

40-43.

[142] 胡玉秋，范军，张玉稳，等. 秸秆混凝土砌块保温性能的实验研究[J]. 山东农业大学学报（自然科学版），2010，41(3)：428-430.

[143] 刘殿忠，郝振鹏，时广义. 秸秆混凝土-薄壁型钢组合墙体的抗侧力有限元分析[J]. 吉林建筑工程学院学报，2013，30(4)：1-4.

[144] 刘殿忠，于莹，夏法磊，等. 秸秆混凝土配合比设计[J]. 吉林建筑工程学院学报，2010，27(1)：19-21.

[145] 王晓峰，曹宝珠. 秸秆草砖保温性能研究[J]. 吉林建筑工程学院学报，2013，30(2)：9-11.

[146] 刘健，刘晓娟，冯勇，等. 棉花秸秆砖研制及其力学性能研究[J]. 低温建筑技术，2011(4)：26-27.

[147] 曹宝珠，赵月明，段文峰，等. 新型轻钢-秸秆草砖节能住宅在东北农村地区应用的可行性分析[J]. 新型建筑材料，2010(7)：34-36.

[148] 王二猛，刘永杰. 新型框架节能草砖房的研究[J]. 辽宁科技学院学报，2013，15(1)：20-21.

[149] 宋孝周，郭康权. 棉秆特性及其重组板材的研究[J]. 西北农林科技大学学报（自然科学版），2007，35(11)：106-110.

[150] 彭玉松，江浩浩，李威，等. 绿色环保新型隔断墙研究——麦秸秆石膏板[J]. 江西建材，2016(4)：4.

[151] 周定国. 关于稻秸秆人造板的几个问题[J]. 林产工业，2008，35(1)：3-6.

[152] 韩永俊，陈海涛，刘丽雪，等. 水稻秸秆纤维地膜制造工艺参数优化[J]. 农业工程学报，2011，27(3)：242-247.

[153] 汪振炯. 油菜秸秆装饰材料的制备及特性研究[D]. 武汉：华中农业大学，2007.

[154] 戴复东. 继承传统、重视文化、为了现代——山东荣成北斗山庄建筑创作体会[J]. 建筑学报，1994(9)：36-39.

[155] WALL G, DIBNAH S. The changing status of tourism in Bali, Indonesia[J]. The changing status of tourism in Bali, Indonesia, 1992：121-130.

[156] WALL G. Landscape resources, tourism and landscape change in Bali, Indonesia[J]. Destinations：Cultural landscapes of tourism, 1998，51-62.

[157] RONGLE G. History of terrace fields [M]. Beijing：China Waterpower Press. 1983.

[158] 成官文，王敦球，秦立功，等. 广西龙脊梯田景区生态旅游开发的生态环境保护[J]. 桂林工学院学报，2002(1)：94-98.

[159] 李振民，邹宏霞，易倩倩，等. 梯田农业文化遗产旅游资源潜力评估研究[J]. 经济地理，2015(6)：198-201，208.

[160] 马翀炜. 文化符号的建构与解读——关于哈尼族民俗旅游开发的人类学考察[J]. 民族研究，2006(5)：61-69，108，109.

[161] MIN Q. Remarks on the application for world cultural heritage of the Hani paddy—rice terraces[J]. Academic Exploration, 2009(3):12-23.

[162] SUN Y, ZHOU H, ZHANG L, et al. Adapting to droughts in Yuanyang Terrace of SW China: insight from disaster risk reduction[J]. Mitigation and Adaptation Strategies for Global Change, 2013, 18(6)：759-771.

[163] YEHONG S, QINGWEN M, JUNCHAO S, et al. Terraced landscapes as a cultural and natural heritage resource[J]. Tourism Geographies, 2011,13(2)：328-331.

[164] WALL G,孙业红,吴平. 梯田与旅游——探索梯田可持续旅游发展路径[J].旅游学刊,2014,29(4)：12-18.

[165] 王力,颜舒婷.浅析低技术绿色生态建筑理论[J].城市建筑,2014(2)：208.

[166] 俞孔坚.盆地经验与中国农业文化的生态节制景观[J].北京林业大学学报,1992,14(4)：37-44.

[167] 陈佳希.裸心·谷[J].建筑学报,2013(5)：52-57.

[168] 姚佩婵.广东上洞草龙舞的审美意蕴[J].大众文艺：学术版,2012(4)：200-201.

[169] 殷志华.明清时期太湖地区稻作史研究[D].南京：南京农业大学,2012.

[170] 丁翔文,张树阁,李吉.黄淮海地区小麦玉米农作物秸秆能源化利用收加储运模式实验研究[J].中国农机化,2010(4)：14-19.